"十四五"国家重点出版物出版规划重大工程

城市浅层瞬变电磁技术与应用

黄江波　王浩文　著

中国科学技术大学出版社

内 容 简 介

本书以可实现 0～100 m 浅层勘探的小回线瞬变电磁技术为研究目标,在瞬变电磁正、反演理论基础上,通过构建瞬变电磁响应模型,对小回线瞬变电磁法浅层探测盲区的成因及其解决方案进行了较为深入的探讨。

本书涵盖了小回线瞬变电磁探测的理论基础、系统设计技术、几种新型的感应式磁传感器标定技术,以及小回线瞬变电磁设备在不同领域中的典型应用,有利于组织教学和广大读者的自学,亦可供电磁勘探、磁传感等领域的科研工作者和技术人员参考使用。

图书在版编目(CIP)数据

城市浅层瞬变电磁技术与应用/黄江波,王浩文著. —合肥:中国科学技术大学出版社,2022.12

(前沿科技关键技术研究丛书)

"十四五"国家重点出版物出版规划重大工程

ISBN 978-7-312-05549-2

Ⅰ. 城… Ⅱ. ①黄… ②王… Ⅲ. 城市—地下建筑物—瞬变电磁法 Ⅳ. TU9

中国版本图书馆 CIP 数据核字(2022)第 234060 号

城市浅层瞬变电磁技术与应用
CHENGSHI QIANCENG SHUNBIAN DIANCI JISHU YU YINGYONG

出版	中国科学技术大学出版社
	安徽省合肥市金寨路 96 号,230026
	http://press. ustc. edu. cn
	https://zgkxjsdxcbs. tmall. com
印刷	合肥华苑印刷包装有限公司
发行	中国科学技术大学出版社
开本	787 mm×1092 mm 1/16
印张	9.25
字数	198 千
版次	2022 年 12 月第 1 版
印次	2022 年 12 月第 1 次印刷
定价	56.00 元

前　言

　　我国大量基础设施建设离不开艰巨的工程地质勘察。对异常体敏感且无接地问题的小回线瞬变电磁设备在城市、隧道和山区等小空间地质探测领域逐渐兴起。瞬变电磁法小回线装置通常是指直径小于 3 m 的同点装置，受地下 0～20 m 浅层探测盲区影响，现有的小回线瞬变电磁设备必须与地质雷达联合使用才可探测，这增加了探测的成本，延长了宝贵的施工周期。本书以可实现 0～100 m 浅层勘探的小回线瞬变电磁技术为研究目标，在瞬变电磁正、反演理论的基础上，通过构建瞬变电磁响应模型，对小回线瞬变电磁法浅层探测盲区的成因及其解决方案进行了较为深入的研究。

　　基于瞬变电磁响应模型的研究结果表明：瞬变电磁浅层探测能力取决于早期探测信号的完整性，由发送、接收线圈互感导致的一次场信号混叠以及由接收线圈储能效应引起的过渡过程是造成早期二次场信号失真的主要原因。受限于小回线装置的尺寸，线圈之间的互感以及接收线圈的自感现象突出，显著扩大了浅层探测盲区。本书提出通过消除探测信号的一次场混叠现象和校正接收线圈过渡过程两方面提升小回线装置的浅层探测能力。

　　针对小回线装置的一次场信号混叠问题，优选的解决方案是通过合理设置发送、接收线圈的结构降低线圈的互感。这个方案被称为弱磁耦合设计。现有的设计方案或损失了对目标体的探测灵敏度，或降低了对一次场的屏蔽稳定性，从而削弱了设备的实际探测能力。书中在分析现有弱磁耦合设计原理的基础上，提出了可以避免损失发射磁矩和二次场采集能力的新型弱磁耦合方案——跨环消耦结构，还提出了针对小回线装置探测灵敏度以及一次场屏蔽稳定性的评价方案，并进一步对比分析了跨环消耦结构较其他弱磁耦合方案在这两方面的优势。

　　将磁通极性相反的子线圈串联组合是弱磁耦合设计的常用策略，对于小回线装置，串联式结构增加了有限空间内的线圈数量，压缩了线圈的间距。研究发现表明，在近距离走线的情况下，这种串联式线圈可能将非周期信号以衰减振荡的形式输出。本书基于串联式线圈的等效电路模型研究了导致信号振荡的原因，提出并验证了该问题的解决方案。

　　作为导致浅层探测盲区的另一个因素，接收系统的过渡过程指的是在接收线圈自感和分布电容影响下,输出信号较二次场感应电动势发生的畸变现象。校正小回线接收线圈过渡过程的有效途径是通过标定获取感应电动势和输出信号的映射——标定文件,然后基于标定文件将畸变的输出信号还原为二次场感应电动势。本书定量分析了标定误差对瞬变电磁探测精度的影响,结果表明环境介质或结构形变会对标定文件产生难以忽略的影响,针对瞬变电磁接收系统的标定方案须能够现场实施。

传统的频率响应标定法通过线圈感应电动势与输出信号的频率特性获取标定文件,可控的感应电动势依赖均匀的标定磁场,从而阻碍了传统标定法的现场实施。针对这一问题,本书提出一种不需求解感应电动势的时域无源标定法,该方案无需建立标定磁场,只需通过极简的标定过程即可为小回线装置实施可靠的现场标定。

由于均匀标定磁场的缺失,现有的现场标定方案无法基于感应电动势的校正误差评估标定文件的可靠性。基于此本书提出了基于指数信号的时域反馈标定方案——反馈标定法,利用 τ 值转换算法提取感应电动势的求解误差并将其作为反馈信号,从而实现标定文件精度的定量评估。进一步,还可以基于反馈信号对失真的标定文件实施校准,同样也可摆脱标定过程对均匀磁场的依赖。

将本书所设计的跨环消耦结构以及过渡过程校正技术应用于实验室自主研发的 FCTEM60 拖拽式高分辨率瞬变电磁系统,并在已知的实验场地实施了验证性探测实验,结果表明本书的研究成果显著改善了小回线瞬变电磁系统的浅层探测效果,为地下 0～100 m 的工程及环境勘探提供了有效的解决方案。

本书系国家重点研发计划课题"新型直升机时间域航空电磁发射机研发"的研究成果,并得到了重庆市自然科学基金项目(CSTC020JCYJ-msxmX0783、CSTC220JCYJ-msxmX0109)、重庆市教委重点科技项目(KJZD-K202101402)支持,在此表示感谢! 主要包括城市地下空间勘察技术现状、小回线瞬变电磁探测理论基础、瞬变电磁浅层盲区探测技术、基于弱磁耦合原理的感应式磁传感器技术、感应式磁传感器的在线标定技术、传感器的负反馈标定技术、城市浅层瞬变电磁系统设计、小回线瞬变电磁施工技术。本书内容新颖,层次分明,涵盖了小回线瞬变电磁探测的发展、理论基础、系统设计技术、几种新型的感应式磁传感器标定技术,以及小回线瞬变电磁设备在不同领域中的典型应用,兼顾了科学性和应用性,有利于组织教学和广大读者自学,亦可供电磁勘探、磁传感等领域的科研工作者和技术人员参考使用。

黄江波

2022 年 6 月

目　　录

第1章 绪 论

1.1 城市空间勘探背景

我国大量基础设施建设离不开艰巨的工程地质勘察。工程地质问题主要表现为由地下溶洞、暗河、采空区引发的地表沉降,由污水渗漏导致的水体污染,由输水管道渗漏造成的水资源损耗,在旧城区改造过程中对地下管网和电缆的破坏,断层破碎带和岩溶地质体对城市地铁的威胁等。另外,随着我国公路、铁路交通路网在东部地区的日益完善,交通路网的建设重心逐渐向中、西部地区拓展,并在复杂的地势环境中表现出长线路、大规模、多桥梁、长隧道的特点[1]。桥梁、隧道建设不仅对地质环境的稳定性提出较高的要求,其施工过程还将在一定程度上改变原有的地质结构,从而破坏原本稳定的地下构造。各种地质灾害体及其诱发的影响在隧道的建设过程中尤为突出[2]。常见的地质灾害体有断层破碎带、岩溶地质体(溶洞、溶腔、暗河等)、软弱破碎岩体、岩性不整合接触构造等,由此造成的施工区域内塌陷、塌方、涌水等危险地质灾害时有发生,对工程和人员造成极大的威胁,影响了施工进度和施工安全。因此,在城市岩土工程施工期间,采用可靠的勘探技术对施工区域的地质条件实施及时、准确的勘察,对减少或避免灾害的发生,降低人员和经济损失,保证工程质量具有重要意义。

地球物理勘察是工程地质勘察的常用手段,主要有钻探法、地质雷达法、高密度电阻率法、地震波检测法和电磁法[3-6]等。

钻探法是一种直接探测法,也称为破坏法。它利用钻探设备在目标区域布置钻孔,通过分析所采集的岩心获取岩层结构和岩石强度、密度等指标,直观、准确地揭示探测区域地下灾害体的分布情况,是最直接、最有效的探测手段。然而,钻探法具有显著的缺点:钻探作业的施工程序较为复杂,施工耗时长;探测效果受限于钻杆的长度和钻孔的分布,探测结果较为片面,无法提供目标区域地质结构的整体评测;勘探成本随钻孔数量以及钻孔深度的增加显著增长;进行隧道水文探测时,易诱发突水或者瓦斯突出灾害[7-8]。

地质雷达法是一种基于高频电磁波传播理论的无损探测方法。其基本原理是通过发射天线向地下发送高频电磁脉冲,电磁脉冲在不同介电常数的界面发生折射和反射现象,通过位于地面的接收天线获取的反射电磁波信号即可分析、解释地下介质的分布情况。地质雷达法可提供高达 1 m 的分辨率,可对地质断层和岩溶等灾害体实施精确定位。然而,地质雷达的有效探测深度与探测区域的介质电导率有关,对于吸收系数较小的致密岩石,地质雷达的有效探测深度可以达到 30 m 左右,而对于吸收系数较大的多孔岩石,其有效探测深度在富水层的影响下急剧减小至数米,从而丧失了探测能力。因此,地质雷达法的有效探测深度较浅,且不适用于有低阻覆盖层的勘探作业[9]。

高密度电阻率法是一种以介质电阻率差异为探测依据的接触式勘探方法。其基本原理是在地下建立人工直流电场,通过分析沿测线方向和垂直测线方向的岩层视电阻率划分地电断面,进而确定相关地质情况。高密度电阻率法通过分布在测线上的嵌入式电极采集地下电流信息,属于阵列勘探方法,可集电剖面和电测深为一体进行二维地电断面测量。该方法电极布置密集,一条测线往往需要布置几十至几百根电极以保证探测精度,施工过程较长,且需要保证嵌入式电极与地表的导电性良好,对岩性地表或城市的硬化道路环境的适用性较低。

地震波检测法是一种基于振动波反射理论的接触式检测方法。其基本原理是通过震源装置在目标区域产生一定强度的地震波,当地震波遇到不同岩层分界面、断层带、破裂区时,部分地震波的能量发生反射,由于反射波的波形、强度、传播速度和延迟时间等参数携带了相关界面的信息,从而可以通过分析反射信号的延迟时间和传播方向确定反射界面的位置。地震波检测法的探测深度为 $100 \sim 200$ m,它对岩石变化、断层带和不良地质夹层等地探测准确性较高,而这些地层变化常常伴随着地下水的活动。地震波检测法所使用的震源可能对环境造成显著影响,从而不适合人员密集的城市以及结构不稳定的矿井巷道,此外,嘈杂环境中的震源也将对探测精度造成一定干扰。

电磁法是基于麦克斯韦电磁场理论的探测方法,按照响应性质可分为频率域电磁法(frequency domain electromagnetic methods)和时间域电磁法(time domain electromagnetic methods),后者亦被称为瞬变电磁法(transient electromagnetic methods,TEM),其数理基础为时变磁场在导电介质中激发的涡流问题。频率域电磁法的分析对象是不同激励频率下的稳态响应,而时间域电磁法的分析对象是瞬态激励源触发的暂态响应。在地下介质一定时,频率域电磁法的探测深度取决于发射机产生的磁场频率,根据交变磁场的趋肤效应,高频磁场信号适用于浅表探测,深部探测依赖低频信号。瞬变电磁法的探测深度取决于探测信号的采样时刻,早期信号反映了浅表地质状态,晚期信号携带了深层地质信息。不同于频率域电磁法的全程采样方式,瞬变电磁法对数据的采集通常始于发射电流完全关断之后。理论上,瞬变电磁法的这种特性可以避免发射电流激发的一次场响应对目标体涡流产生的二次场响应的干扰,有利于缩小信号的动态范围,提高探测的分辨率。

上述五种环境地球物理勘探方法基于不同的物理特性获取探测目标的状态信息,各自的优势明显,例如,钻探法的结果直观、精确;地质雷达法具有较高的浅层分辨率;高密度电阻率法可集电剖面和电测深为一体;地震波检测法对断层带具有较高的探测灵敏度;瞬变电磁法可实现导电异常体的非接触式检测。

不同于传统矿产资源勘探领域深达千米的探测需求,城市工程与环境病害调查的探测深度主要集中在地下 100 m 以内。此外,城市、隧道以及山区空间狭小,增加了大型探测装置的作业难度。因此,常规的物探方法在工程与环境勘探领域受到环境条件的限制:钻探法进行隧道水文探测时,易诱发突水或者瓦斯突出灾害的形成;城市工程与环境勘探的重点调查范围主要分布在地下 100 m 以内,这超出了地质雷达法的有效探测深度;对接地电阻要求较高的高密度电阻率法不能适应城市硬化路面的勘探工作;地震波检测法产生的爆破冲击会对正常的生产生活产生影响,不适用于人员密集的城市环境。因此,对异常体敏感且无接地问题的瞬变电磁法在工程与环境勘探领域受到青睐。此外,在城市、隧道以及山区等环境下,建筑物以及地形导致的狭小空间限制了大规模布线的作业方式,直径小于 3 m 的小回线瞬变电磁设备在工程与环境地球物理勘探领域逐渐兴起[10-15],为环境地质问题提供了新的有效解决方案。

1.2 浅层勘探技术现状与对比

浅层地质构造的稳定性对人类生产生活的影响最为紧密,也是工程与环境地质调查的重要研究目标。浅层地质灾害往往具有隐蔽性、直接性和破坏性,研究具备高精度、宽范围的勘察技术和设备是现代城市地下空间勘探领域的主要发展方向。

目前,常用于城市地下空间的浅层地质结构探查方法主要有弹性波勘查法、电磁勘查法和人工开挖法,其中弹性波勘查方案包含有井间地震法、瑞雷波法、地震影像法等。电磁勘查方案主要涉及探地雷达法、直流电阻率法和瞬变电磁法等。

探地雷达的有效勘探深度反比于选用的探测频率。理论上,当探测波激发中心频率大于 1 GHz 时,探地雷达的有效勘探深度将小于 0.5 m,其通常用于定位城市地下空间的浅层管网分布,以及硬化路基的稳定性调查等浅层作业。对于中心频率在 100 MHz~900 MHz 的探测波,探地雷达理论上可检测地下 0.5~10 m 范围内的地质结构,常用于热力、燃气等市政管线的调查。当探测波激发中心频率小于 100 MHz 时,探地雷达的最大勘探深度理论上可以达到 50 m,但是由于发射功率和复杂的城市地下电磁环境制约,探地雷达的有效勘探深度通常在 20 m 内。

浅层地震法同样依赖炸药或者大功率人工震源提供震动源,探测噪音大。不仅如此,在复杂的城市建筑群影响下,浅层地震法的分辨率低,因此不宜在城市空间探测中大规模使用。

相较其他物探方法,瞬变电磁法的优势在于探测深度范围广、目标检测的体积效应小、横向分辨率高以及具有较强的高阻屏蔽层穿透能力。但是应注意的是,城市地下空间的浅层地质结构探查对有效勘探深度和调查结果的精细度提出更高的要求。

总的来说,瞬变电磁法通常用于大范围矿产资源勘察和地质灾害评估,所采用的发射线圈和接收线圈的边长大多在 100～200 m 之间,这种大回线装置对于中、深层地质勘察具有良好的横向分辨率,适合金属矿体勘查、地层构造探测和水文地质调查。目前基于小回线的浅层探测技术研究与应用尚不充分,特别是在城市地下管线、边坡岩溶探测,建筑地基勘察等领域的应用经验不足。

1.3　瞬变电磁法的发展

1.3.1　瞬变电磁理论的发展

瞬变电磁法的数理基础为导电介质在时变磁场激励下产生的涡流问题,通常情况下将由场源装置激发的电磁场称为一次场,而将地下感应涡流产生的磁场称为二次场。瞬变电磁法的探测深度取决于二次场的采样时刻,早期信号反映了浅表地质状态,晚期信号携带了深层地质信息。

苏联科学家于 20 世纪 30 年代最早提出采用瞬变电磁信号进行地质勘探的设想,美国学者 L. W. Blan 最早提出基于电流脉冲激发电偶极形成的时间域"Eltran"电磁法,并在 1936 年申请了发明专利,利用电磁脉冲激发供电偶极形成电磁场,用电偶极测量电场[16]。在 20 世纪五六十年代,J. Wait 对地表半空间均匀层状介质瞬变电磁场进行了理论研究;Л. Л. Ваньян 与 А. А. Куфманн 等成功实现了瞬变电磁法一维正、反演[17]。1979 年,M. N. Nabighian 提出了"烟圈"理论,直观地展示了瞬变电磁波在地下的传播过程,使得瞬变电磁数据的反演与解释得以简化。八九十年代提出了基于有限差分、有限元和积分方程的瞬变电磁二维和三维解析算法,进一步完善了瞬变电磁法的基础理论[18-19]。

20 世纪 90 年代,美国国家自然基金会实施了针对超早期时域电磁勘探的研究项目,即"a very early time electromagnetic system",简称 VETEM 计划,该项目主要攻克了浅层瞬变电磁勘探所需的信号采集技术、数值计算模型、仪器设备、反演算法等技术问题。

我国针对瞬变电磁勘探技术的研究工作启动较晚,早期的研究主要围绕在均匀半空时间的时域电磁响应理论以及针对航空地质填图和矿藏勘探等领域。蒋邦远、牛之链等学者将瞬变电磁法应用于金属矿勘探。20 世纪 90 年代至今,瞬变电磁法理论与实践在我国发展迅猛。在深层勘探方面,重点研究了长偏移距测深技术及其应用。针对城市地下空间的浅层地质勘察领域,在瞬变电磁一维正、反演算法以及现场应用等方面开展了研究工作。白登海借鉴日本长谷川健的方案提出了瞬变电磁的全区视电阻率求解算法;稽燕鞠研究了提取瞬变电磁全程二次场信号的关键技术;付志红等研究人员基于阶跃波场理论提出了可用于浅层勘探的全区视电阻率求解方法。

1.3.2　瞬变电磁仪器现状

目前可用于瞬变电磁勘探的商用产品主要来源于进口,早期主要依赖加拿大 GEONICS 公司开发的 TEM-47、TEM-47HP 和 PROTEM57 等瞬变电磁系统。

后期增加了美国 ZONGE 公司的 GDP-32 型综合物探仪,加拿大 PHOENX 公司的 V8、V6 型综合勘探系统,以及澳大利亚的 GEOTEM 等系统设备。

我国首台电法勘探仪器由地质矿产部地球物理地球化学勘查研究所(简称物化探所)研制于 20 世纪 70 年代,后期的瞬变电磁系统主要由高校和研究所基于学术目的主持研发,并没有大规模参与生产、生活应用。中南大学开发了 SD 型瞬变电磁勘探系统;吉林大学的林君团队研制了 ATEM-Ⅱ型瞬变电磁探测仪,北京矿产与地质研究所的王庆乙教授团队设计了 TEM3S 型瞬变电磁仪。2019 年,笔者所在的付志红教授团队经过多年研究和技术积累,成功研发了 FCTEM60-1 型瞬变电磁探测系统。

现阶段基于小回线的浅层探测技术尚不成熟,瞬变电磁法小回线装置通常是指直径小于 3 m 的同点装置,受地下 0～20 m 浅层探测盲区影响,现有的小回线瞬变电磁设备必须与地质雷达联合使用才可探测,增加了探测的成本,延长了宝贵的施工周期。

1.4　瞬变电磁法勘探方式与装置形式对比

根据发射场源的不同,瞬变电磁法分为电性源装置和磁性源装置[20]。电性源装置以有限长接地导线作为场源,通过布置在距场源一定距离的接收线圈观测地下涡流激发的二次场响应,适用于探测埋深 1 km 以上的地质异常体,故多用于油气勘查等领域[21]。磁性源装置以不接地发射线圈为场源,通过接收线圈观测地下涡流激发的二次场响应。通过控制发送线圈的参数可适应不同深度地质异常体的勘探任务,因此,工程与环境地球物理探测领域多采用磁性源装置。常用的磁性源装置主要包括偶极装置、大定源回线装置和同点装置三种,如图 1.1 所示。

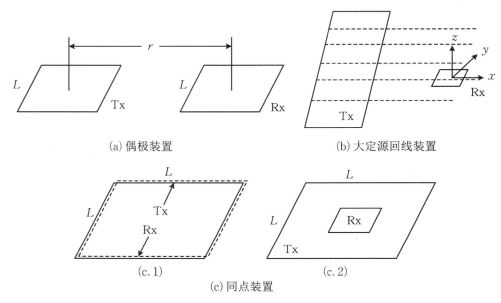

(a) 偶极装置　　　　　　　　　　(b) 大定源回线装置

(c.1)　　　　　　　　　　(c.2)

(c) 同点装置

图 1.1　瞬变电磁线圈装置

偶极装置如图 1.1(a)所示,其特征为发射线圈(Tx)与接收线圈(Rx)分开布置,两回线中心点间隔固定收发距 r,且同时沿测线逐点移动测量。偶极装置的接收线圈可使用具有三个分量的多匝小线圈观测不同方向的磁场信息,为获取探测目标体的倾角和深度信息提供了可能。考虑到偶极装置的作业方式较为繁琐,现在已很少使用。图 1.1(b)展示的大定源回线装置通常使用边长数百米的矩形线框作为发射线圈,作为接收线圈的多匝小线圈垂直于发射线圈移动,为了提高工作效率,发射线框的内部和外部均可布置观测点。大定源回线装置获取的探测剖面对异常体定位明显,有利于深部探测,但是边长数百米的发射线框在地形起伏的山地与城市环境下铺设麻烦,体积效应强,而且框外测量易受集流效应影响。

同点装置的发射线圈与接收线圈中心点重合,如图 1.1(c)所示。其中,发射线圈和接收线圈尺寸完全相同的同点装置称为重叠回线,在实施剖面测量时两线框同时移动。如图 1.1(c.1)所示。将同点装置的接收回线缩小至可视为偶极状态便可获得中心回线装置,发射线圈多采用大回线源,如图 1.1(c.2)所示。同点装置与探测对象耦合程度好,由探测目标体引发的信号异常幅度大且横向分辨率高,但应避免早期信号缺失对浅层探测效果的影响。

常规的地面瞬变电磁法主要通过大回线装置寻找埋深几百到上千米的金属矿藏。近几年国内提出将小回线瞬变电磁探测技术应用于工程与环境地质调查,为城市管线勘察、煤矿和隧道的安全生产提供水文地质资料。受施工空间的影响,针对这种深度 100 m 以内的小空间地质探测任务,优选的装置是直径小于 3 m 的同点小回线装置,因此,现有的"发射接收一体化"仪器多采用小型中心回线或重叠回线结构,其探测深度为 20～120 m[22]。

1.5 小回线瞬变电磁装置技术现状

瞬变电磁法小回线装置通常是指直径小于 3 m 的同点装置,可视为传统大回线装置的缩小版。小回线瞬变电磁系统为城市、山地和其他布线困难地区的勘探活动提供了可能。

近几年,我国学者针对小回线装置较传统大回线装置的探测性能进行了理论和实验分析。马华祥等研究人员对比了小回线装置与大回线装置对 100 m 以内目标体的探测能力[23]。实验分别采用边长为 2 m×2 m、10 m×10 m、25 m×25 m、50 m×50 m 的四种重叠回线装置对某已知层状地质体实施对比探测,结果表明上述各装置都可以辨识出埋深 100 m 以内的低阻层。中煤科工集团西安研究院的陈明生等研究人员指出:瞬变电磁法的探测深度主要取决于可测量的二次场响应时长,受探测区域的平均电阻率影响较大,但与源的形式、接收方式以及两者的位置结构关系较小。通过增大小回线装置的发射电流及其接收线圈的等效面积,小回线装置在一定范围可达到与大回线装置相当的探测深度[24]。中国矿业大学的焦险峰和刘志新利用物理实验模型研究了小回线瞬变电磁装置对浅层异常体的探测能力[25]。结果表明多匝小回线装置响应特征与异常体的尺寸、数量成正比,与异常体的埋深成反比。小回线装置无法分辨间距小于发射回线边长的两个异常体,其分辨率为天线装置边长的 2 倍。通过优化设计天线装置尺寸及装置类型,小回线瞬变电磁装置可以实现超浅层探测。

通过采用多匝小回线装置代替大型中心回线装置,国内的学者将同点小回线装置应用于空间狭窄的工程与环境勘察领域。北京市勘察设计研究院的赖刘保等研究人员借助小回线瞬变电磁法对城市道路地下病害实施检测,认为只要仪器具有足够早的采样时间、较强的抗干扰性以及合适的处理解释方法,浅层瞬变电磁法将在道路检测中发挥越来越重要的作用[26]。湖南省地球物理地球化学勘查院的张琦等研究人员以韶赣高速公路为例,依据已知的病害隐患的发育范围、类型和深度,验证了小回线瞬变电磁法应用于公路病害勘察领域的可行性[27]。浙江省水文地质单位和山西省煤田地质局的相关科研人员使用小回线瞬变电磁法对煤田的自燃区实施了定位实验,通过比较小回线瞬变电磁法与活性炭测氡法测量结果,验证了小回线瞬变电磁法在确定煤矿地下火区方面的有效性[28]。南昌航空大学的陈兵芽和于润桥提出使用小回线浅层瞬变电磁法对复合材料进行检测,通过调整线圈结构并设置合理的阻尼电阻,实现了对碳纤维复合材料缺陷的瞬变电磁检测[29]。其实验结果显示剖面曲线的主要异常个数与所测样本的实际缺陷个数一致,且剖面曲线的异常宽度与材料缺陷大小吻合。昆明理工大学的李佳奇等研究人员采用小回线瞬变电磁仪对云南某供电局 220 kV 变电站的上下马道和边坡进行无损检测,通过分析测得视电阻率剖面图,确定了边坡的滑动是导致北侧上下游挡土墙出现裂缝的根本原因[30]。

1.6　小回线技术研究方向与应用前景

随着城市化进程的不断推进,小回线瞬变电磁设备在工程与环境地球物理勘探领域逐渐兴起,经过几十年的发展,在装置优化和数据采集方面仍有很多问题尚未解决:一方面,在接收线圈自感和分布电容影响下,输出信号较二次场感应电动势发生畸变,这个现象称为瞬变电磁接收系统的过渡过程。另一方面,由于发射、接收线圈互感等因素影响,在实际勘查应用时,反映浅层地质状态的早期二次场信号混入强烈的一次场信号,这种早期信号的畸变造成浅层探测盲区。

瞬变电磁法通常使用斜阶跃电流作为发射电流波形[31],如图 1.2 所示,数据的起始采集时刻在关断期间(on-time)之后。理论上,这种特性可以避免发送电流激发的一次场响应干扰目标体涡流产生的二次场响应,瞬变电磁法可以实现近地表探测。然而,强烈的一次场响应通过发送线圈与接收线圈的互感混入探测信号,使得关断期间的信号幅值大幅增加,在接收线圈过渡过程作用下,一次场混叠现象对信号幅值的影响持续到 off-time 早期。一次场的混叠降低了二次场响应在探测信号中的比例,由于一次场响应不携带探测目标体的有效信息,所以畸变的探测信号降低了视电阻率的求解精度。不仅如此,由一次场扩大的信号幅值可能超出采集电路的阈值 V_p,为保证数据采集电路的正常工作,接收机对幅值超出阈值 V_p 的信号实施削波处理,导致有效采样时刻由 t_{off} 后延至 t_1(如图 1.2 实线所示),由此造成的削波失真对早期响应信号带来不可逆的损失。因此,浅层探测盲区是磁性源瞬变电磁法普遍存在的固有缺陷,而一次场引起的信号畸变是导致其形成的主要原因[32]。

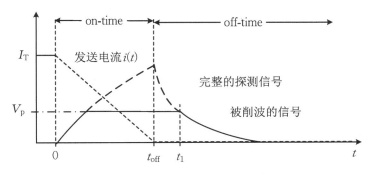

图 1.2　瞬变电磁法响应信号示意图

国际上常用的 EM-47 系统在发射边长为 40 m×40 m、稳态发射电流为 3 A 的情况下对一个 50 Ω·m 地层的最小探测深度约 18 m。俄罗斯 TEM-FAST 系统在发射边长为 20 m×20 m 情况下对电阻率为 10 Ω·m 地层的最小探测深度为 7 m,当地层电阻率为 30 Ω·m 时,最小探测深度为 13 m[33]。

小回线装置的信号畸变问题较传统大回线装置更加显著,一方面,这是由于小回线瞬变电磁系统必须通过增加线圈的匝数来提升探测信号强度,导致接收线圈频带宽度缩小,加剧了输出信号较二次场感应电动势的畸变程度。另一方面,小回线装置发送线圈与接收线圈的间隔很近,线圈之间的互感影响更加突出,提高了一次场响应在探测信号的占比,在过渡过程作用下,延长了一次场混叠现象对早期信号的影响时间。中国矿业大学的李飞和程九龙分析了小回线装置的一次场混叠与土壤视电阻率求解误差的关系,指出小回线瞬变电磁法的观测数据中包含的互感信号占比远高于大回线瞬变电磁法,由互感信号引起的二次场信号畸变是造成电阻率偏低问题的主要原因[34]。马华祥等研究人员在实验中发现边长为 2 m×2 m 的重叠回线装置无法识别 0～30 m 深度内的地层信息[23]。

然而,地表以下 0～30 m 的深度范围属于城市管线勘察、路基沉降、建筑选址以及隧道超前预报领域的重点勘探区域。针对工程地质的超浅层无损检测问题,现有的解决方案多使用地质雷达与瞬变电磁法联合探测,不仅增加了探测的成本,同时延长了宝贵的施工周期。因此,改善小回线瞬变电磁装置的浅层盲区问题对保障生产安全以及提高经济效益具有重要意义。

为了改善瞬变电磁法的浅层探测盲区,目前的研究主要集中于减弱或消除探测信号中的一次场响应以及降低接收线圈过渡过程两方面。

1. 一次场响应混叠问题

一方面,传统大线框发射线圈中心的一次场强度较弱且均匀程度较高,利用这一特点,大回线瞬变电磁装置可以通过数值算法求解接收线圈一次场磁链,进而在后期数据处理过程中将一次场响应从探测信号中剔除,从而消除一次场响应对早期信号的影响[33]。

另一方面,在航空瞬变电磁探测[35]、矿井瞬变电磁探测[36]和拖拽式小回线系统[37]等浅层探测领域,多使用发送、接收一体化线圈。为此国内外学者尝试通过合理布置发送、接收线圈的结构降低线圈的互感,此结构被称为弱磁耦合结构。例如,VTEM 系统采用的差分式双接收线圈方案;SkyTEM 将接收线圈布置在发送线圈边缘的偏心式线圈结构;吉林大学和中南大学通过附加线圈向接收线圈内引入反向一次场,分别设计了补偿环结构[38]和反磁通结构(OCTEM)等弱磁耦合方案[39]。然而,作为电磁探测设备,弱磁耦合线圈装置不仅需要具备消除一次场混叠的能力,还应保证对目标体灵敏的探测能力以及降低一次场屏蔽效果对线圈相对位移的敏感程度。将两个子接收线圈反向串联的差分式弱磁耦合结构只能采集二次场的梯度信息,而且损失了有效接收面积;偏心式线圈结构对一次场的屏蔽效果受两线圈圆心距的影响显著[35],因此,结构稳定性对信号质量的影响难以忽略;补偿环结构牺牲了部分一次场,尺寸受限的接收线圈必须增加匝数以获得足够的等效接收面积,从而损失了接收线圈的频带宽度[40],输出信号严重畸变。反磁通结构是补偿环结构针对浅层探测的小型化改良,但仍然无法避免反向磁场对发射磁矩产生的损耗,缩小了探测深度。现有的弱磁耦合结构缺陷具体如表 1.1 所示。

表 1.1　现有的弱磁耦合结构缺陷

名称	弱磁耦合方式	探测性能	屏蔽性能
差分结构	基于反向二次场	损失接收面积	—
反磁通结构	基于反向一次场	损失发射面积	—
补偿环结构	基于反向一次场	损失发射面积	—
偏心结构	接收线圈偏心布置	无损	对线圈位置敏感

另外,通过将磁通相反的子线圈串联而成的弱磁耦合线圈通常保留较大的线圈间隔,如差分结构和反磁通结构设置了较大的垂向间距,用于吊舱式航空瞬变探测领域的补偿环结构采用了较大的横向间隔。对于小回线装置,由于线圈的间距的缩小,串联式线圈在近距离走线的情况下可能将非周期信号以衰减振荡的形式输出。针对串联式线圈的信号扰动问题未有相关分析报道。

总之,现有弱磁耦合结构的可靠性和灵敏度缺陷是以实现浅层探测为目标的高性能小回线装置亟待研究解决的重要问题。

2. 接收线圈的过渡过程

以浅层探测为目标的瞬变电磁小回线装置多采用空心线圈作为接收线圈。在线圈频带宽度制约下,输出信号较二次场感应电动势发生畸变,这个现象被称为瞬变电磁接收系统的过渡过程。

针对小回线瞬变电磁装置的过渡过程问题,中国地质大学的王广君和李轩通过分析小回线瞬变电磁接收线圈的等效电路模型,研究了接收线圈在不同阻尼系数下的幅频响应和谐振频率,指出通过调节线圈的匹配电阻使得阻尼系数处于弱欠阻尼状态可以扩展线圈的线性频率范围,进而降低接收线圈过渡过程对信号的影响[41]。针对由过渡过程引起的接收线圈输出信号畸变的问题,重庆大学的余慈拱等人分析了接收线圈电感、分布电容与过渡过程之间的关系,以目标体的视电阻率探测误差随接收线圈半径的变化规律为依据,探索了小回线瞬变电磁装置的半径优化方案[42],指出矿井瞬变电磁法常用的多匝小线框装置存在最佳半径,从而可以降低过渡过程对探测结果的影响。此外,不少学者尝试通过优化设计接收线圈的尺寸与结构来降低过渡过程对感应电动势的影响[43-46]。

为了通过畸变的接收线圈输出信号准确地测量二次场响应,需建立线圈感应电动势和输出信号的映射,这个过程被称为线圈传感器的标定,其结果称为标定文件。对于线圈传感器,常用的标定方法是在空间建立可控的标定磁场,通过分析线圈感应电动势 $\varepsilon(t)$ 及其输出信号 $u(t)$ 的关系求解线圈的标定文件。为分析输入、输出信号的规律,通常以正弦信号作为标定信号,在所考察的频率范围内选择若干个频率值,分别测量各个标定频率下输入和稳态输出信号的振幅和相角值,通过拟合实验数据获得待测线圈的传递函数,此方法被称为频率响应法[47-48]。然而,环境介质或结构形变会对标定文件产生难以忽略的影响[49],瞬变电磁接收系统的标定工作并非一劳永逸。频率响应法中受测线圈的感应电动势 $\varepsilon(t)$ 需根据法拉第电磁感应定律求解,为确保 $\varepsilon(t)$ 的可控性,该方法不仅需要高精度的信号发生器,而且必须保证标定磁场的均匀性[50-51],对场源的要求很高;用于产生均匀磁场的设备必须依据待测线圈的尺寸设计,通用性较差[52],无法实现装置的现场标定。

除了不同频率的正弦信号,标定源还可以选用包含多种频率成分的时域信号以缩短标定时间[53],确定标定文件就是寻找可以将输出信号准确还原为输入信号的传递函数。这种时域标定法被应用在航空瞬变电磁勘探领域[54-56]。然而,由于这种标定方案不能保证待测线圈内的磁场是均匀的,从而将互感系数的计算误差引入标定文件。不仅如此,由瞬变电磁法发送电流激发的一次场强度很高,低电阻率土壤中感生的涡流以及高次互感响应对地面小回线标定系统的干扰难以定量评估[57]。为了检测标定文件的可靠性,最直接的方法是在已知区域实施验证性试验[58]。但是该方法受到实验场地的限制,且结果仅反映设备的整体性能,不包含系统缺陷的具体细节,故无法据此制定改进方案。

总之,虽然线圈的标定文件在理论上可以对由过渡过程引起的畸变信号实施校正,但是对于标定误差对瞬变电磁探测精度的影响以及针对标定文件可靠性的定量评估等问题尚无解决方案。

1.7　本书内容概述

本书以可实现 $0\sim100$ m 浅层探测的小回线瞬变电磁技术为研究目标,在瞬变电磁正、反演理论基础上,通过构建瞬变电磁响应模型,基于响应信号分析小回线瞬变电磁法浅层探测盲区的成因,提出通过消除探测信号的一次场混叠现象和校正过渡过程引起的信号畸变提升小回线装置的浅层探测能力。

针对由发送、接收线圈互感现象导致的一次场信号混叠问题,分析传统的数值剔除方案在小回线瞬变电磁装置的适用性,通过有效降低探测信号的动态范围避免限幅削波导致的浅层探测盲区。针对小回线瞬变电磁装置的过渡过程问题,探索适用于现场操作的接收线圈标定技术,实现标定文件精度的量化评价,通过将测量信号准确还原为线圈的感应电动势,消除由过渡过程引起的信号畸变。

本书主要研究内容如下:

(1) 通过两种瞬变电磁法数值分析模型研究小回线装置对地下异常体的响应原理,并针对早期信号分析小回线装置在浅层探测领域的缺陷,提出可改善小回线装置浅层盲区的技术方案。

(2) 基于载流线圈在空间的磁场分布分析弱磁耦合结构的设计原理,提出可以避免损失发射磁矩和二次场强度的新型弱耦合线圈结构,提升小回线装置对目标体的探测灵敏度和对一次场的屏蔽稳定性,通过降低探测信号的动态范围避免削波损失导致的浅层探测盲区。

(3) 针对小回线接收线圈的过渡过程问题,提出通过标定技术获取线圈感应电动势和输出信号的映射,并基于标定文件将畸变的输出信号还原为二次场感应电动势。基于标定误差与瞬变电磁探测精度的定量分析,研究环境介质与线圈结构形变对探测可靠性的影响,验证现场标定方案的必要性。提出可以实现接收线圈现场标定的时域标定法,研究标定精度的定量评价方案,摆脱标定过程和精度评估对均匀磁场的依赖。

(4) 将研究成果应用在付志红教授团队自主研发的拖拽式高分辨率瞬变电磁系统。选取已知的测试场地实施现场探测实验,通过将探测结果与已被验证的物探资料对比,检验基于本书所提技术方案的小回线装置在工程与环境地球物理勘探领域的实际应用能力。

第 2 章　面向浅层勘测的小回线瞬变电磁理论

2.1　浅层瞬变电磁探测基本理论

瞬变电磁法的响应信号可基于麦克斯韦方程组与波动方程求解。通常情况下，先推导均匀半空间环境下的瞬变电磁频率域响应，再通过时频变换方法将其转化为时间域的响应。

瞬变电磁的频率域响应可以通过麦克斯韦方程组获取，麦克斯韦方程组的基本形式为

$$\nabla \times \boldsymbol{E} = -\frac{\partial \boldsymbol{B}}{\partial t} \tag{2.1}$$

$$\nabla \times \boldsymbol{H} = \boldsymbol{J} + \frac{\partial \boldsymbol{D}}{\partial t} \tag{2.2}$$

$$\nabla \cdot \boldsymbol{D} = \rho \tag{2.3}$$

$$\nabla \cdot \boldsymbol{B} = 0 \tag{2.4}$$

在上述公式中，$\boldsymbol{E}$ 表示电场强度（V/m），$\boldsymbol{B}$ 表示磁感应强度（Wb/m^2），$\boldsymbol{H}$ 表示磁场强度（A/m），$\boldsymbol{D}$ 表示电位移矢量（C/m^2），$\boldsymbol{J}$ 表示电流密度（A/m^2），ρ 表示自由电荷密度（C/m^3）。它们之间还可以通过电导率 σ、磁导率 μ 和介电常数 ε 建立如下关系：

$$\begin{cases} \boldsymbol{J} = \sigma \boldsymbol{E} \\ \boldsymbol{B} = \mu \boldsymbol{H} \\ \boldsymbol{D} = \varepsilon \boldsymbol{E} \end{cases} \tag{2.5}$$

所以，在各向同性均匀导电介质中，麦克斯韦方程还可以写为

$$\nabla \times \boldsymbol{E} = -\mu \frac{\partial \boldsymbol{H}}{\partial t} \tag{2.6}$$

$$\nabla \times \boldsymbol{H} = \sigma \boldsymbol{E} + \varepsilon \frac{\partial \boldsymbol{E}}{\partial t} \tag{2.7}$$

$$\nabla \cdot \boldsymbol{E} = \frac{\rho}{\varepsilon} \tag{2.8}$$

$$\nabla \cdot \boldsymbol{H} = 0 \tag{2.9}$$

电磁场随时间和空间的变化规律遵循电磁场波动方程。对式(2.7)两端取旋度，得到

$$\nabla \times \nabla \times \boldsymbol{H} = \sigma \nabla \times \boldsymbol{E} + \varepsilon \frac{\partial}{\partial t} \nabla \times \boldsymbol{E} \tag{2.10}$$

考虑到矢量公式

$$\nabla \times \nabla \times \boldsymbol{H} = -\nabla \cdot (\nabla \boldsymbol{H}) + \nabla (\nabla \cdot \boldsymbol{H}) \tag{2.11}$$

式(2.6)和式(2.10)合并为

$$\nabla (\nabla \cdot \boldsymbol{H}) - \nabla^2 \boldsymbol{H} = -\sigma \mu \frac{\partial \boldsymbol{H}}{\partial t} - \varepsilon \mu \frac{\partial^2 \boldsymbol{H}}{\partial t^2} \tag{2.12}$$

由于 $\nabla \cdot \boldsymbol{H} = 0$，因此

$$\nabla^2 \boldsymbol{H} = \sigma \mu \frac{\partial \boldsymbol{H}}{\partial t} + \varepsilon \mu \frac{\partial^2 \boldsymbol{H}}{\partial t^2} \tag{2.13}$$

同理，关于电场 $\boldsymbol{E}$ 的方程如下：

$$\nabla^2 \boldsymbol{E} = \sigma \mu \frac{\partial \boldsymbol{E}}{\partial t} + \varepsilon \mu \frac{\partial^2 \boldsymbol{E}}{\partial t^2} \tag{2.14}$$

相对于传导电流 $\boldsymbol{J} = \sigma \boldsymbol{E}$，导电介质中的位移电流 $\frac{\partial \boldsymbol{D}}{\partial t}$ 往往可以忽略不计，因此方程(2.13)和(2.14)可简化为热传导方程，若将电场或磁场量记为 $\boldsymbol{F}$，方程(2.13)和(2.14)可改写为

$$\nabla^2 \boldsymbol{F} = \sigma \mu \frac{\partial \boldsymbol{F}}{\partial t} \tag{2.15}$$

对于谐变电磁场，式(2.15)满足亥姆霍兹方程

$$\nabla^2 \boldsymbol{F} - k^2 \boldsymbol{F} = 0 \tag{2.16}$$

其中，$k^2 = -\mathrm{i}\omega\sigma\mu$。

2.2　瞬变电磁一维正演与 Maxwell 3D 辅助仿真

现阶段的浅层瞬变电磁正演大多基于频率域计算结果转化而来，对于水平层状模

型,通常将其简化为一维结构模型。虽然从数值解析精度的角度来看,采用二维和三维的正演手段可以使所得数据更加贴近工程实际,但是考虑到时间域求解理论的复杂性和计算的繁杂,瞬变电磁的二维和三维正演通常借助数值仿真软件来实现。

2.2.1　瞬变电磁一维正演

将一个半径为 a 的圆形发射回线置于地表上方 h 处,柱坐标 (r, φ, z) 的原点位于圆回线中心点在地面的投影处,z 轴向下为正,设发射电流为 I_0,空气中的波数为 k_0,地下均匀半空间的波数为 k_1。在波数为 k_0 的上半空间,引入谢昆诺夫势函数的标量赫兹位 F_0

$$F_0 = F_{0p} + F_{0s} \tag{2.17}$$

其中,一次磁场 F_{0p} 可通过全空间的解析解求得关于贝塞尔函数的表达式

$$F_{0p} = \frac{I_0 a}{2} \int_0^\infty \frac{J_1(\lambda a)}{\lambda} J_0(\lambda r) e^{-\lambda|z+h|} d\lambda \tag{2.18}$$

而发射回线下方的感应涡流产生的二次磁场 F_{0s} 满足拉普拉斯方程

$$\nabla^2 F_{0s} = 0 \tag{2.19}$$

因此,上半空间的电磁场标量函数 F_0 可表示为式(2.20),其中,b_0 为待定系数。

$$F_0(r, z) = \frac{I_0 a}{2} \int_0^\infty \frac{J_1(\lambda a)}{\lambda} \left[e^{-\lambda|z+h|} + b_0 e^{\lambda z} \right] J_0(\lambda r) d\lambda \tag{2.20}$$

在波数为 k_1 的介质中,电磁场标量函数 F_1 满足式(2.16)所示的亥姆霍兹方程,其通解为

$$F_1(r, z) = \frac{I_0 a}{2} \int_0^\infty b_1 \frac{J_1(\lambda a)}{\lambda} J_0(\lambda r) e^{-u_1 z} d\lambda \tag{2.21}$$

式中,$u_1 = \sqrt{\lambda^2 + k_1^2}$,$k_1^2 = -\mathrm{i}\omega\sigma\mu_0$,$b_1$ 为待定系数。根据边界条件求出待定系数 b_0,b_1 并代入式(2.10)、式(2.21),分别得到

$$F_0(r, z) = \frac{I_0 a}{2} \int_0^\infty \frac{J_1(\lambda a)}{\lambda} \left[e^{-\lambda z} + \frac{\lambda - u_1}{\lambda + u_1} e^{\lambda z} \right] e^{-\lambda h} J_0(\lambda r) d\lambda \tag{2.22}$$

$$F_1(r, z) = \frac{I_0 a}{2} \int_0^\infty \frac{2 e^{-\lambda h}}{\lambda} J_1(\lambda a) J_0(\lambda r) e^{-u_1 z} d\lambda \tag{2.23}$$

当接收线圈位于发射回线中心点的时候,$r=0$,由于 $J_0(0)=1$,求得 F 函数后,即可由式(2.24)求解柱坐标下磁场的 z 分量:

$$H_z = -\frac{1}{r} \frac{\partial}{\partial r} \left(r \frac{\partial F}{\partial r} \right) = I_0 a \int_0^\infty \frac{\lambda^2}{\lambda + u_1} J_1(\lambda a) J_0(\lambda r) d\lambda \tag{2.24}$$

$$H_z = I_0 a \int_0^\infty \frac{\lambda^2}{\lambda + u_1} J_1(\lambda a) \, d\lambda \tag{2.25}$$

因此，对于上半空间为空气层时电导率 $\sigma_0 = 0$，回线源下方半空间的电导率为 σ_1，均匀半空间的磁导率为 μ_0 的情况下，均匀大地表面上中心回线在地表形成的谐变场垂直分量表达式为[59]

$$H_z(\omega) = \frac{I_0}{k_1^2 a^3} \left[3 - (3 + 3k_1 a + k_1^2 a^2) e^{-k_1 a} \right] \tag{2.26}$$

瞬变电磁场的时域解是通过傅里叶变换将频域亥姆霍兹方程解转换到时间域的方式获取的。时域表达式 $f(t)$ 与频率域频谱 $F(\omega)$ 通过傅里叶变换关联起来：

$$F(\omega) = \int_{-\infty}^\infty f(t) e^{-i\omega t} \, dt \tag{2.27}$$

时域表达式 $f(t)$ 可以表示为无穷多个连续频率的函数之和：

$$f(t) = \int_{-\infty}^\infty F(\omega) e^{i\omega t} \, dt \tag{2.28}$$

阶跃电流由于激发简单而被广泛作为瞬变电磁法的激励源，设阶跃电流 $i(t)$ 在 $t=0$ 时瞬间关断，其表达式为

$$i(t) = \begin{cases} I_0 & (t < 0) \\ 0 & (t \geqslant 0) \end{cases} \tag{2.29}$$

根据傅里叶反变换，将频率响应 $\boldsymbol{H}(\omega)$ 转换为时域响应：

$$\boldsymbol{H}(t) = \frac{1}{2\pi} \int_{-\infty}^\infty \frac{\boldsymbol{H}(\omega)}{-i\omega} e^{i\omega t} \, d\omega \tag{2.30}$$

$$\frac{\partial \boldsymbol{H}(t)}{\partial t} = \frac{1}{2\pi} \int_{-\infty}^\infty \frac{\frac{\boldsymbol{H}(\omega)}{\partial t}}{-i\omega} e^{-i\omega t} \, d\omega \tag{2.31}$$

将式(2.25)代入式(2.30)，获得如式(2.32)所示的时域响应表达式，瞬变电磁法通常通过测量接收线圈的感应电动势 $\varepsilon(t) = \frac{\partial \boldsymbol{H}(t)}{\partial t}$ 间接观测地面的瞬变电磁场，$H_z(\omega)$ 的微分形式如式(2.33)所示。

$$H_z(t) = \frac{I_0}{2a} \left[\left(1 - \frac{3}{u^2}\right) \varphi(u) + \frac{3}{u} \sqrt{\frac{2}{\pi}} e^{-u^2/2} \right] \tag{2.32}$$

$$\frac{\partial H_z(t)}{\partial t} = \frac{3I_0 \rho}{\mu_0 a^3} \left[\varphi(u) - \sqrt{\frac{2}{\pi}} u \left(1 + \frac{u^2}{3}\right) e^{-u^2/2} \right] \tag{2.33}$$

其中，$u = a\sqrt{\frac{\mu_0 \sigma_1}{2t}} = \frac{2\pi a}{\tau}$，$\tau = \sqrt{2\pi \times 10^7 \rho t}$，$\tau$ 通常称为扩散系数，t 表示瞬变场扩散时间，

$\varphi(u) = \sqrt{\dfrac{2}{\pi}} \int_0^{u(t)} \mathrm{e}^{-t^2/2} \mathrm{d}t$ 称为概率积分，I_0 表示发射电流的稳态值。ρ 表示均匀半空间电阻率。

2.2.2　基于 Ansoft Maxwell 的瞬变电磁法三维正演

上述展示的是瞬变电磁法中较为成熟的一维正演理论，关于二、三维正演解析算法的效率和精度方面尚存在诸多问题。三维瞬变电磁的正、反演是当下学术界的研究热点，其中，针对三维模型的正演技术的改进是提高瞬变电磁数据解释可靠性的基础，具有极为重要的理论和现实指导意义。

现阶段的瞬变电磁法三维正演工作通常借助数值仿真软件来实现，如 ZELAND 公司开发的基于 MOM 的集成全波电磁仿真优化包（IE3D），RECOM 公司推出的基于 FDTD 的三维全波电磁场仿真软件，丹麦奥胡斯大学 Hydro Geophysics 团队设计的电磁模型分析软件 EMMA，Ansoft 公司基于 FEM 算法的射频电磁场仿真工具 HFFS 和通用仿真软件 Maxwell 等。

作为一个广泛应用于低频电磁场仿真的软件，Ansoft Maxwell 通过有限元离散形式，将 Maxwell 微分方程转变为庞大的工程电磁场矩阵求解，通过调整有限元剖分边长和时域求解步长等参数，可平衡求解精度和计算效率两者之间的矛盾，因此，受到多个工程电磁领域的青睐。

Ansoft 公司的 Maxwell 2D/3D 电磁场数值分析包的求解策略是获取电磁场模型的边值问题，即求解给定边界条件下的 Maxwell 方程组以及基于方程组引申出的其他偏微分方程问题，采用数值计算的方式借助有限元分析算法实现大型电磁场求解。针对电磁场问题求解中的边界条件，Maxwell 2D/3D 集成了常用的自然边界条件、诺伊曼边界条件、狄利克莱边界条件、对称边界条件、匹配边界条件和气球边界条件。Maxwell 可以实现多 CPU 处理，因而具备高性能矩阵求解能力。

应用 Maxwell 建模仿真方法流程如图 2.1 所示。

Maxwell 采用基于有限元的数值分析算法，在求解三维瞬态电磁场问题时，其棱边上的矢量位自由度采用了一阶元计算，而节点上的标量位自由度采用二阶元计算。对于三维导体，基于有限元理论的趋肤效应不仅参考了系统的激励源频率，还计及了周围导体的位置因素。

本小节通过均匀半空间中的低电阻率球体模型，对比 Maxwell 瞬态磁场分析包与电磁场仿真软件 EMMA 关于瞬变电磁法的正演求解精度，以此验证基于软件分析瞬变电磁法三维正演的可行性。

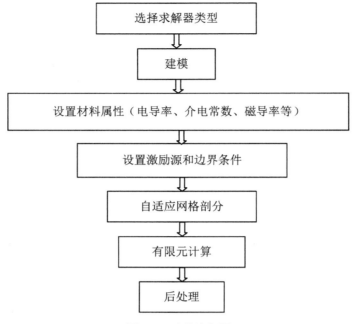

图 2.1　建模流程图

EMMA 电磁场仿真软件通常用于分析一维地电模型的电磁场正演数据,适用于多种装置形式。基于瞬变电磁理论,通过 EMMA 与 Maxwell 分别对均匀半空间模型进行时域仿真分析,两者都使用相同的模型参数与激励条件,并在一致的采样时间条件下对比中心回线装置获取的磁感应强度变化曲线。

本算例中,均匀半空间的电阻率被设置为 $100\,\Omega\cdot m$,中心回线装置的发射线圈半径为 $10\,m$,阶跃激励电流的峰值为 $100\,A$,将两种软件在激励电流关断之后 $1\,\mu s\sim0.1\,ms$ 获取的 $B\text{-}t$ 曲线分别绘制于图 2.2 和图 2.3 中。

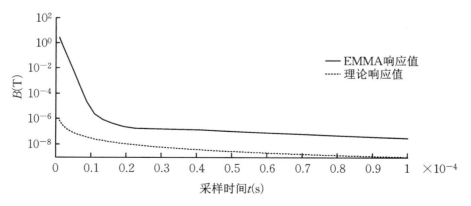

图 2.2　EMMA 响应值与理论响应值

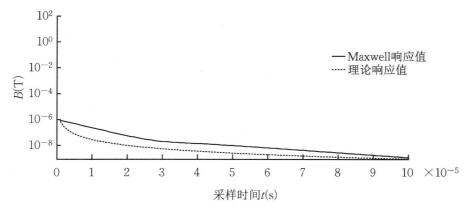

图 2.3　Maxwell 响应值与理论响应值

理论响应可通过成熟的一维正演表达式获取，将均匀半空间中磁场强度在 z 方向的表达式转换为磁感应强度表达式：

$$B_z = \frac{I\mu}{2a}\left[\frac{3}{\sqrt{\pi}}\mathrm{e}^{-u^2} + \left(1 - \frac{3}{2u^2}\right)\mathrm{erf}(u)\right] \tag{2.34}$$

其中，$u = a/2\sqrt{\mu/\rho t}$ 为关于时间的瞬变场参数，$\mathrm{erf}(u) = \dfrac{2}{\sqrt{\pi}}\displaystyle\int_0^u \mathrm{e}^{-t^2}\,\mathrm{d}t$ 是误差函数，a 为发射线圈的半径，μ 表示均匀半空间的磁导率，ρ 代表均匀半空间电阻率，t 为从电流关断时算起的时间参数。

由上述 EMMA 和 Maxwell 对均匀半空间的正演结果可知，EMMA 在激励电流关断后的早期 B 值与理论值存在较大误差，仿真数据在激励电流关断 16 μs 之后才呈现与理论值相似的衰减形态，而通过 Maxwell 获取的数据则更好地接近理论衰减曲线；对于斜阶跃激励源，EMMA 仿真软件无法输出激励下降沿过程的采样数据，因此，在激励电流的关断时间不可忽略的情况下，浅层地质信息可能无法得到准确的反映，而 Maxwell 的数据记录可以起始于激励关断之前，从而可提供更加灵活的数据分析方案，当需要计及发送、接收线圈耦合引起的一次场混叠问题时，可以提供完整、准确的数值仿真数据；EMMA 软件仅适合于均匀半空间以及分层模型的时间域磁场求解，而 Maxwell 3D 数值计算包可以灵活地构件贴近实际的工程勘探模型，例如，存在不规则形态和分布的异常体的地下空间瞬变电磁的正演分析。

2.3 浅层视电阻率反演技术

通过已知的地电模型求解响应信号的过程属于瞬变电磁正演,而通过测得的响应信号分析地下导电体成分的过程属于瞬变电磁反演,后者即是瞬变电磁勘探的目标。瞬变电磁法通常将勘探结果绘制为电阻率(或电导率)剖面图。由于实际的地质体由多种介质组成,所以求解的电阻率值反映的是土壤、岩石及其他地质体的整体导电性能,称为视电阻率(apparent resistivity)。视电阻率的数值不仅取决于每种介质的真电阻率,还与各种介质的分布状况、电极排列等因素有关。视电阻率的计算原理是寻找与实际测量数据相等效的均匀半空间电阻率值,也就是将实际观测的磁场值假想为同一探测装置对相同条件下均匀大地介质的响应值,进而计算出这个假想均匀半空间的电阻率。视电阻率求解就是利用数值方法求取均匀半空间瞬变电磁响应的反函数,不同测量装置采集的数据可通过反演迭代或数值逼近等方法来求解[61-62]。

2.3.1 基于早、晚期公式的视电阻率计算

由瞬变电磁一维正演所得中心回线装置的理论解析式可知,当 $u \gg 1$ 时,有 $2\pi a/\tau \gg 1$,该条件的满足必须使 t 取很小的值,因此,可将这种情况定义为瞬变响应早期。此时概率积分 $\varphi(u) \to 1$,于是表达式(2.32)可以进一步简化为

$$\frac{\partial H_z(t)}{\partial t} = \frac{3I_0\rho}{\mu_0 a^3} \tag{2.35}$$

经过积分运算后得到 $H_z(t)$ 的表达式为

$$H_z(t) = \int_0^t \frac{\partial H_z(t)}{\partial t} \mathrm{d}t = \frac{3I_0\rho}{\mu_0 a^3}t \tag{2.36}$$

从而获得中心回线装置的早期视电阻率表达式

$$\rho_E = \frac{\mu_0 a^3}{3I_0} \frac{\partial H_z(t)}{\partial t} = \frac{\mu_0 a^3}{3I_0 t}H_z(t) \tag{2.37}$$

当 $u \ll 1$ 时,有 $2\pi a/\tau \ll 1$,此时对概率积分 $\varphi(u)$ 和 $\mathrm{e}^{-u^2/2}$ 实施泰勒级数展开:

$$\varphi(u) = \int_0^{u(t)} \mathrm{e}^{-t^2/2}\mathrm{d}t = \sqrt{\frac{2}{\pi}}\left(u - \frac{u^3}{3!} + \frac{u^5}{5!} - \cdots\right) \tag{2.38}$$

$$\mathrm{e}^{-u^2/2} = 1 - \frac{u^2}{2!} + \frac{u^4}{4!} - \cdots \tag{2.39}$$

将式(2.37)和式(2.38)代入表达式(2.33)并化简得

$$\frac{\partial H_z(t)}{\partial t} = \frac{I_0 a^2 \mu_0^{3/2}}{20\pi^{1/2} u^{5/2} \rho^{3/2}} \tag{2.40}$$

同样由 $\partial H_z(t)/\partial t$ 对时间求积分得到

$$H_z(t) = \int_0^t \frac{\partial H_z(t)}{\partial t} \mathrm{d}t = \frac{I_0 a^2 \mu_0^{3/2}}{30\pi^{1/2} t^{3/2} \rho^{3/2}} \tag{2.41}$$

从而获得中心回线装置的晚期视电阻率表达式

$$\rho_\mathrm{L} = \frac{\mu_0}{4\pi t}\left[(2\pi a^2 I_0)\bigg/\left(5t\frac{\partial H_z(t)}{\partial t}\right)\right]^{2/3} = \frac{\mu_0}{\pi t}\left[(\pi a^2 I_0)/(30 H_z(t))\right]^{2/3}$$

$$\tag{2.42}$$

在电阻率为 $\rho = 100\ \Omega \cdot \mathrm{m}$ 的均匀半空间表面布置半径 $a = 100\ \mathrm{m}$ 的中心回线装置，向发送线圈注入幅值 $I_0 = 20\ \mathrm{A}$ 的阶跃电流，用表达式(2.32)与式(2.33)求解发送线圈中心的 $H_z(t)$ 和 $\partial H_z(t)/\partial t$，分别将其代入早期和晚期视电阻率计算表达式得到如图 2.4 所示的视电阻率曲线。可以看出基于早期计算公式求解的视电阻率曲线在发送电流关断后的初期稳定在设定值，但随着时间的推移逐渐偏离设定值，因此不适宜深层视电阻率的评估。而基于晚期计算公式获取的视电阻率曲线在发送电流关断后的初期偏离设定值，但是随时间推移逐渐趋近设定值，因此不适宜浅层视电阻率的评估。

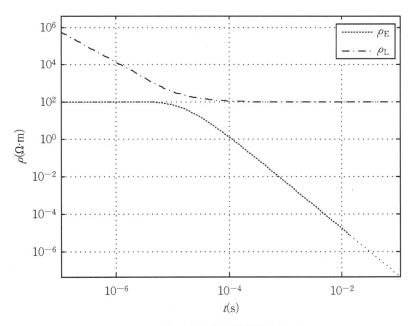

图 2.4　早期、晚期公式计算视电阻率

如上所述，若采用基于早、晚期电阻率拟合的方式获取全程视电阻率，则不可避免地会在中期产生较大的求解误差,白登海等学者提出了通过感应电动势辅助求解"虚拟全程视电阻率"的方案,在一定程度上解决了全程视电阻率的唯一解等问题。

2.3.2 全程视电阻率计算

针对基于早、晚期视电阻率拟合结果不能保证全程视电阻率可靠性的问题,需要基于实际响应信号重新定义全程视电阻率。现阶段用来定义全程视电阻率数据来源基本可分为两类:一类是二次磁场响应信号,另一类是接收线圈输出的感应电动势,即磁场的变化率。

进一步整理中心回线装置在均匀半空间获取的时域响应表达式,若令

$$\theta = \frac{u}{\sqrt{2}a} = \sqrt{\frac{\mu_0}{4\rho t}}$$

则 $\varphi(u) = \text{erf}\left(\frac{u}{\sqrt{2}}\right) = \text{erf}(\theta a)$,其中, $\text{erf}(\theta a) = \frac{2}{\sqrt{\pi}}\int_0^{\theta a} e^{-t^2} dt$ 记为误差函数。

通过上面变换,均匀半空间的时域响应表达式被转化为另外一种通用形式

$$H_z(t) = \frac{I_0}{2a}\left[\frac{3}{\sqrt{\pi}\theta a}e^{-\theta^2 a^2} + \left(1 - \frac{3}{2\theta^2 a^2}\right)\text{erf}(\theta a)\right] \tag{2.43}$$

$$\frac{\partial H_z(t)}{\partial t} = \frac{3I_0\rho}{\mu_0 a^3}\left[\text{erf}(\theta a) - \frac{2}{\sqrt{\pi}}\theta a\left(1 + \frac{2\theta^2 a^2}{3}\right)e^{-\theta^2 a^2}\right] \tag{2.44}$$

其中, I_0 表示发送电流的稳态值, ρ 代表均匀半空间的视电阻率, a 是发送回线的半径, μ_0 表示均匀半空间的磁导率, t 是发送电流关断后开始的计时。

若定义

$$u = \theta a = \frac{a}{2}\sqrt{\frac{\mu_0}{\rho t}} \tag{2.45}$$

则模型的视电阻率可表示为

$$\rho = \frac{a^2\mu_0}{4tu^2} \tag{2.46}$$

显然,上式在瞬变电磁响应的整个过程都成立,由此求解的 ρ 被定义为全程视电阻率。

式(2.43)与式(2.44)可以表示为同一个参数 u 的函数

$$H_z = \frac{I_0}{2a}Y(u) \tag{2.47}$$

$$\frac{\partial H_z}{\partial t} = \frac{I_0}{4at} Y'(u) \tag{2.48}$$

其中

$$Y(u) = \frac{1}{u^2}\left[\frac{3u}{\sqrt{\pi}} \mathrm{e}^{-u^2} + \left(u^2 - \frac{3}{2}\right) \mathrm{erf}(u)\right] \tag{2.49}$$

$$Y'(u) = \frac{1}{u^2}\left[3\mathrm{erf}(u) - \frac{2}{\sqrt{\pi}} u(3 + 2u^2)\mathrm{e}^{-u^2}\right] \tag{2.50}$$

定义 $Y(u)$ 是 H_z 的核函数，$Y'(u)$ 是 $\partial H_z/\partial t$ 的核函数，也被称为 TEM 中心方式的归一化响应函数。由图 2.5 可知，B_z 的核函数 $Y(u)$ 与参数 u 一一对应，从而基于参数 u 对磁场值 B_z 的求解具有唯一性。

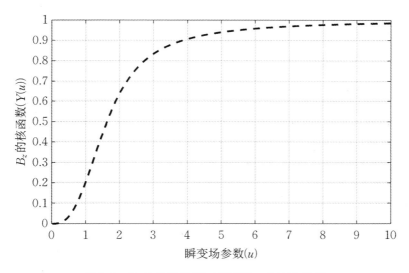

图 2.5　B_z 的核函数 $Y(u)$ 随参数 u 的变化特征

2.3.3　反问题的对分预估计数值计算方法

核函数 $Y(u)$ 也称为中心回线装置的归一化响应函数，求解全程视电阻率的关键是寻找满足核函数表达式的 u 值。

u 值的求解通常采用迭代法，首先赋予参数 u 一个初始值，在迭代过程中参数 u 按下式更新：

$$u_i = u_{i-1} + \Delta u_i \tag{2.51}$$

其中，u_i 是参数 u 在第 i 次迭代时被赋予的值，而 u_{i-1} 是参数 u 在第 $i-1$ 次迭代时的值，

$\Delta u_i = u_i - u_{i-1}$ 表示迭代步长。显然，Δu_i 是影响参数收敛速度和精度的主要因素。对应于任意两个参数 u_{i-1} 和 u_i 的视电阻率为

$$\rho_{i-1} = \frac{a^2 \mu_0}{4t} \cdot \frac{1}{u_{i-1}^2}, \quad \rho_i = \frac{a^2 \mu_0}{4t} \cdot \frac{1}{u_i^2} \tag{2.52}$$

从而，第 i 次迭代获得视电阻率的变化量为

$$\left| \frac{\rho_i - \rho_{i-1}}{\rho_i} \right| = \left| \frac{1}{u_i^2} - \frac{1}{u_{i-1}^2} \right| u_i^2 \approx \frac{2\Delta u_i}{u_i} \tag{2.53}$$

上式可视为由变量 u 微小扰动导致的视电阻率偏差，若将求解偏差阈值设定为 1%，则有 $\Delta u_i < 0.005 u_i$，这已基本满足实际勘探需求。

使函数 $f(u)$ 值降至零的瞬变参数 u 是视电阻率的单调函数，因此可以通过表达式 (2.46) 求解视电阻率的准确值。对分法与牛顿法是求函数零点的常用算法，当选取的初始值接近预设值时，牛顿法拥有更快的迭代速度，而对分法的优势则在于无需预先设置初始值，在根所在的求解区间内，对分法迭代次数正比于期望的求解精度。

综合以上两种算法的优点，笔者参与的付志红团队提出一种对分预估算法解析全程视电阻率。该算法的原理为：首先对瞬变数据实施对分法处理，将根所在的区间 $[a,b]$ 经过 n 次迭代压缩至 $(b-a)/2^n$，而后经初步计算得到与精确值误差小于 $(b-a)/2^n$ 的值，并将其作为初始值借助牛顿法继续迭代运算，直至达到预设的求解精度。

在预估计法中，最关键的问题便是确定解的区间。对于早期电阻率的计算，初始区间被设置得过大会显著增加迭代步数。在实际操作中可以依据 $2aB_z(t)/(I_0\mu_0)$ 的计算结果确定 $Y(u)$ 的最小值。

对分预估算法的步骤描述如下：

① 由表达式式 $f(u)$ 和采样数据求取 $Y(u)$ 的值，进而确定核函数 $Y(u)$ 的最小值，将其与预设点的对比结果作为参考设定晚期搜索的左区间或早期搜索的右区间；

② 设置迭代次数 N_0, N_1，参数 u 的求解精度 e，基于上述搜索区间 $[a,b]$，计算 $u = (a+b)/2$；

③ 若 $f(u) \cdot f(a) < 0$，则更新搜索区间 $[a,u]$，计算 $b=u, u=(a+b)/2$；否则改为求解 $a=u, u=(a+b)/2$；

④ 若迭代次数 $k > N_0$，返回③；

⑤ 计算 $u^* = u - f(u)/f'(u)$；

⑥ $m = |u^* - u|$，若 $m > e$，返回⑤；

⑦ $z = \min(|f(u)|, |f(u^*)|)$，返回对应变量 u^*，转⑨；

⑧ 若 $k > N_1$，转⑨；

⑨ 结束。

流程图如图 2.6 所示。

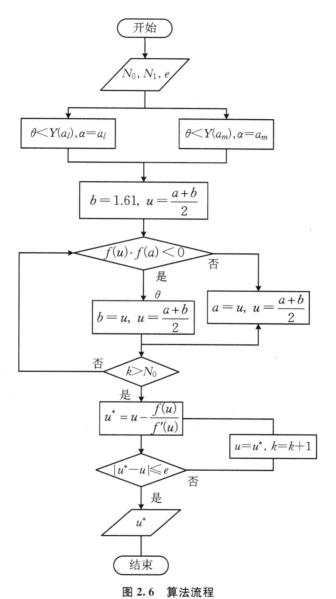

图 2.6　算法流程

2.4　瞬变电磁数值分析模型

瞬变电磁数值分析模型是用于获取瞬变电磁系统对预设目标体响应信号的重要工具。与实际的实验场地相比,瞬变电磁数值分析模型具有诸多优势:探测目标体可控,可实现特定目标体响应信号的提取以及一次场响应分量的剥离,可用于系统参数的优化分析。因此,通过采用合适的瞬变电磁数值分析模型可以对小回线瞬变电磁装置的性能实施定量评估,并在改善小回线装置浅层盲区的研究过程中为装置的设计与优化提供指导。

本节提出两种瞬变电磁数值分析模型:导电半空间模型和基于不接地导电环的涡流响应模型(简称导电环模型)。导电半空间模型适用于综合评测小回线装置对地下异常体的分辨能力;导电环模型主要用于分析小回线装置的响应信号成分以及针对浅层探测能力的线圈结构设计与优化。

2.4.1　导电半空间模型

在城市环境下实施的瞬变电磁法通常将小回线装置水平置于地面,发射电流在线圈上方的空气中以及线圈下方的地层内同时建立一次场,如图 2.7 所示。一般情况下,空气的电导率远低于线圈下方的地层,线圈上方的感应涡流对探测信号的影响往往可以忽略,因此,这种仅考虑来自线圈下方感应涡流的分析方式称为导电半空间响应模型。与同时计及线圈两侧感应涡流的全空间模型相比,半空间模型有利于简化响应信号的分析

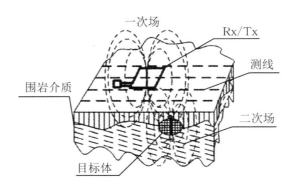

图 2.7　瞬变电磁法工作原理示意图

过程以及提高响应数据的求解速度。因此,真空环境下的导电半空间模型是研究瞬变电磁装置的常用模型,适用于小回线装置性能评估等综合分析工作。

对于包含多种异常体的导电半空间模型,瞬变电磁响应信号的数值求解过程十分复杂,为了保证求解算法对模型的适应能力,同时也为了节约有限的计算资源,通常借助有限元分析软件对待求模型实施数值运算。Ansoft Maxwell 是一款著名的低频电磁场有限元分析软件,它通过有限元算法将工程中的电磁场计算转化为矩阵运算以求解空间电磁场分布及其时间导数,广泛用于瞬变电磁法正演模拟[67-68]。基于 Ansoft 公司的自适应网格剖分专利以及快速精确的自适应求解器,软件可胜任诸多电磁模型的分析工作,可将所求的 **D** 场和 **E** 场、**B** 场和 **H** 场的分布情况显示为二维或三维图,同时也可用于求解线圈的匝间电容、自感系数以及线圈之间的互感系数等相关物理量。除了自带的绘图工具,Ansoft Maxwel 3D 模块的仿真模型还可以直接从 Auto CAD 软件导入,方便了复杂模型的构建[69-70]。

M. N. Nabighian 指出,由地质体涡流在地表产生的二次磁场可视为各个环状涡流层的总效应。这种效应可等效为向远处扩散的电流环。电流环随时间的扩散过程可抽象为发射回线吹出来的"烟圈",并随时间向外、向下传播,这便是著名的"烟圈效应"。根据"烟圈效应",地质体的感应涡流不断向深处及四周扩散,涡流的能量随时间逐渐衰弱。某时刻"烟圈"的垂向深度 d_r 和扩散半径 R_r 分别如式(2.54)、式(2.55)所示[31]:

$$d_r = \frac{4}{\sqrt{\pi}} \sqrt{\frac{t\rho_0}{\mu_0}} \tag{2.54}$$

$$R_r = a + 2.091 \sqrt{\frac{t\rho_0}{\mu_0}} \tag{2.55}$$

"烟圈"的垂向传播速度 v 可表示为

$$v = \frac{2}{\sqrt{\pi}} \sqrt{\frac{\rho_0}{\mu_0 t}} \tag{2.56}$$

与视电阻率相对应的视深度可表示为

$$H_r = 0.441 \frac{(d_{ri} + d_{rj})}{2} \tag{2.57}$$

式(2.54)到式(2.57)中,a 表示发射线圈的半径,ρ_0 表示均匀半空间电阻率,t 表示采样时间,μ_0 表示真空磁导率,d_{ri} 和 d_{rj} 分别表示对应于 t_i 和 t_j 时刻的垂向深度。

由上式可知,瞬变电磁场的扩散深度是关于介质电导率和时间的函数,但与线圈的大小无关。可以根据求得的地层视电阻率数据和瞬变电磁探测信号的采样时间,基于公式(2.57)推算出相关地质异常体的深度信息。根据"烟圈效应"的观点,瞬变电磁早期响应信号主要源于近地表的感应涡流,携带了浅层地质体的信息,而瞬变电磁晚期响应信号主要反映了深层的地质状态。

瞬变场在良导体内感应的涡流较不良导体中的涡流表现出更久的持续时间,因此,瞬变电磁法的探测深度主要取决于发射电流的关断时间、发射磁矩(发射线圈有效面积与稳态发射电流的乘积)、接收线圈有效面积、噪声水平和覆盖层电阻率等因素。瞬变电磁场的穿透深度 δ 可依据式(2.58)求解,其中 σ 表示介质电导率。

$$\delta = \sqrt{\frac{2t}{\sigma\mu_0}} \tag{2.58}$$

地质体电导率的差异会对电磁场的穿透深度造成显著影响,因此,瞬变电磁法对存在低阻覆盖层区域的探测深度较小[66]。实际上,噪声水平和受测区域土壤电阻率是制约瞬变电磁信号探测深度的主要因素。

建立图 2.8 所示的导电半空间模型,将边长 $a = 4$ m 的导电立方体置于电阻率为 $\rho_2 = 100\ \Omega \cdot$ m 的均匀半空间内,线圈下方的立方体中心距地表深 $h = 10$ m,线圈上方设为真空环境。当立方体的电阻率 $\rho_1 = 100\ \Omega \cdot$ m 时,位于立方体上方的一体式发送、接收线圈收集的信号是均匀的半空间响应 $u_b(t)$。

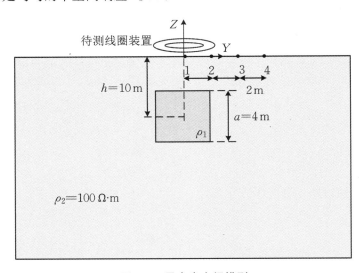

图 2.8　导电半空间模型

1. 使用 Ansoft Maxwell 3D 软件分析如图 2.8 所示模型的涡流扩散过程

将 $\rho_2 = 100\ \Omega \cdot$ m 的均匀半空间限制在边长为 120 m 的立方体内,边界条件设为 insulating boundary,剖分单元的最大边长设为 3 m。瞬态磁场求解器的时间步长设为 0.2 μs。选用小型中心回线作为瞬变电磁线圈装置,发射线圈和接收线圈的半径分别为 0.6 m 和 0.25 m,匝数分别为 10 和 100,将式(2.59)所示的发射电流 $i_T(t)$ 注入发射线圈,其稳态值 I_T 设置为 10 A,关断时间 $T_{off} = t_1 - t_0 = 14\ \mu$s,其中 $i_T(t)$ 在 t_0 开始下降并在 t_1 下降到零。

$$i_T(t) = \begin{cases} I_0 & (0 < t < t_0) \\ -\dfrac{I_0(t-t_0)}{t_1-t_0} & (t_0 \leqslant t < t_1) \\ 0 & (t_1 \leqslant t) \end{cases} \quad (2.59)$$

当发射回线中通入式(2.59)所示的发射电流之后,发射回线周围产生一次磁场。一次场将在线圈下方的半空间导电体感生出与发射线圈形状相似的涡流,并随着时间推移不断向远处扩散。感应涡流在热损耗作用下随着时间逐渐衰减,变化的感应涡流在半空间产生新的磁场——二次场,并在扩散至接收线圈后被转换为感应电动势储存在接收机内部。当发射电流完全关断后,$\rho_1 = 100\ \Omega \cdot m$ 均匀导电半空间内的感应涡流密度随时间的扩散情况如图 2.9 所示。图 2.9 展示的感应涡流扩散过程验证了"烟圈效应"的观点,表明瞬变电磁早期响应信号主要源于近地表的感应涡流,携带了浅层地质体的信息,而瞬变电磁晚期响应信号主要反映了深层的地质状态。所以,可以基于瞬变电磁响应信号的波形反演线圈装置下方的地电信息。

2. 基于导电半空间模型分析导电立方体状态与探测信号的关系

对于图 2.8 所示的导电半空间模型,当 $\rho_1 = 1\ \Omega \cdot m$ 且导电立方体埋深 $h = 10\ m$ 时,中心回线对存在异常体的半空间响应与均匀半空间响应的变化量 $u_c - u_b$ 为向上凸起的脉冲波,如图 2.10 的点线所示,其在 2.4 μs 达到峰值 118 μV;当 $\rho_1 = 1\ \Omega \cdot m$ 且导电立方体埋深 $h = 20\ m$ 时,变化量 $u_c - u_b$ 的峰值较前一种情况表现出显著的衰减和延迟,如图 2.10 实线所示;在 $\rho_1 = 10\ k\Omega \cdot m$ 情况下的变化量 $u_c - u_b$ 呈现为向下凹陷的脉冲波,如图 2.10 的虚线所示,其峰值时刻提前至 2 μs,且峰值降为 -2.2 μV。由图 2.10 实线和点线可知,随着导电异常体深度的增加,其特征信号峰值呈现显著的幅值衰减和相位延迟。由图 2.10 点线和虚线可知,感应涡流的强度及其持续时间与地下介质的电阻率有关,介质电阻率越低,则涡流越强且衰减速度越慢,这意味着对应于低阻异常体的响应信号具有更久的观测时长,因此以高阻异常体为检测目标的线圈装置必须具备更高的灵敏度和更早的有效采样时刻。

由图 2.10 可知,当 $\rho_1 \neq 100\ \Omega \cdot m$ 时,线圈收集的信号 u_c 携带了导电立方体的信息。因此,存在异常体的半空间响应较均匀半空间响应的变化量 $u_c - u_b$ 是瞬变电磁法辨识地下导电异常体的主要依据,将这个由导电异常引起的均匀半空间响应的变化量记为特征信号 $u_f = u_c - u_b$。特征信号的波形反映了相关地质异常体的信息,在后期通过对接收机存储数据的处理与分析,即可实现相应地质异常体的辨识与定位。

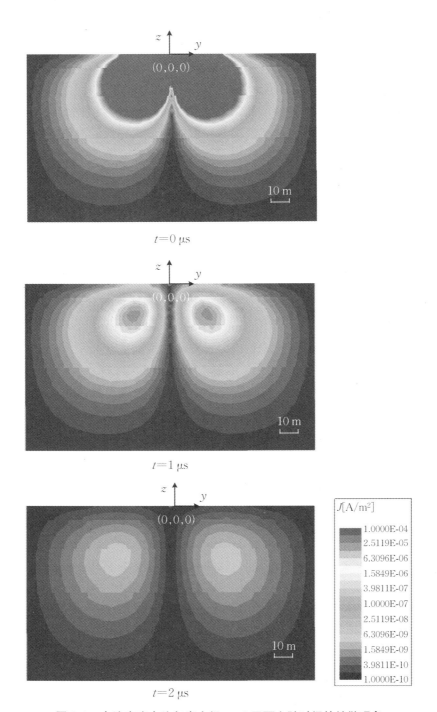

图 2.9　电流密度在均匀半空间 $x=0$ 平面上随时间的扩散现象

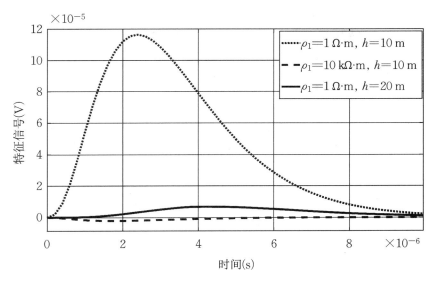

图 2.10　不同状态导电立方体的特征信号

2.4.2　导电环模型

虽然导电半空间模型可以提供接近现实的数值计算环境,但其计算量较大,且依赖于专业的算法或商用软件等分析工具,因此,对于不涉及二次涡流扩散现象的瞬变信号成分分析以及线圈结构设计等问题,可以使用基于不接地导电环的涡流响应模型替代导电半空间模型。

以不接地导电环作为二次场涡流源的响应模型如图 2.11 所示,以发送线圈所处平面为 $z=0$ 平面,将作为二次场源的导电环同轴置于发送线圈下方 $z=-h$ 平面。需要注意的是图 2.11 所示的模型与导电半空间模型的主要区别在于前者并不能模拟地下涡流的扩散效应,它近似等效了瞬变电磁装置对某固定目标体的探测行为。

基于图 2.11 所示的响应模型,将瞬变电磁法的涡流感应过程分析如下:

向发送线圈注入式(2.59)所示的斜阶跃电流波形 $i_{\mathrm{T}}(t)$。根据法拉第电磁感应定律,导电环中产生基于 $i_{\mathrm{T}}(t)$ 的感应电动势 $\varepsilon_{\mathrm{TL}}$:

$$\varepsilon_{\mathrm{TL}}(t) = -M_{\mathrm{TL}} \frac{\mathrm{d}i_{\mathrm{T}}(t)}{\mathrm{d}t} \tag{2.60}$$

设导电环的感应电流为 $i_{\mathrm{L}}(t)$,则

$$L_{\mathrm{L}} \frac{\mathrm{d}i_{\mathrm{L}}(t)}{\mathrm{d}t} + R_{\mathrm{L}} i_{\mathrm{L}}(t) = \varepsilon_{\mathrm{TL}}(t) \tag{2.61}$$

接收线圈对一次场的感应电动势 $\varepsilon_{\mathrm{f}}(t)$ 为

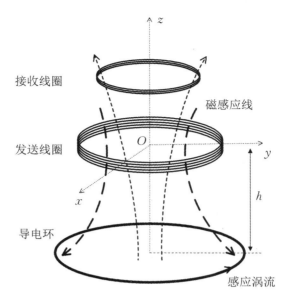

图 2.11 基于导电环的响应模型

$$\varepsilon_{\mathrm{f}}(t) = - M_{\mathrm{TR}} \frac{\mathrm{d}i_{\mathrm{T}}(t)}{\mathrm{d}t} \tag{2.62}$$

接收线圈对二次场的感应电动势 $\varepsilon_{\mathrm{s}}(t)$ 为

$$\varepsilon_{\mathrm{s}}(t) = - M_{\mathrm{LR}} \frac{\mathrm{d}i_{\mathrm{L}}(t)}{\mathrm{d}t} \tag{2.63}$$

其中，L_{L} 为导电环的电感，R_{L} 为导电环的内阻，M_{TL} 为发送线圈与导电环的互感，M_{TR} 为发送线圈与接收线圈的互感，M_{LR} 为导电环与接收线圈的互感。

设两平行共轴圆线圈的半径分别为 r_1 和 r_2，线圈中心间距为 D，则两线圈之间的互感 M 在柱状坐标系中可表示为[71]

$$M = \mu_0 \sqrt{r_1 r_2} \left[\left(\frac{2}{k} - k \right) \int_0^{\frac{\pi}{2}} \frac{\mathrm{d}\varphi}{\sqrt{1 - k^2 \sin^2 \varphi}} - \frac{2}{k} \int_0^{\frac{\pi}{2}} \sqrt{1 - k^2 \sin^2 \varphi} \, \mathrm{d}\varphi \right] \tag{2.64}$$

其中，φ 为积分变量，且

$$k^2 = \frac{4 r_1 r_2}{D^2 + (r_1 + r_2)^2} \tag{2.65}$$

接收线圈的实际感应电动势 $\varepsilon(t)$ 为

$$\varepsilon(t) = \varepsilon_{\mathrm{f}}(t) + \varepsilon_{\mathrm{s}}(t) \tag{2.66}$$

在接收线圈的自感现象以及分布电容影响下，实际可测的端口电压信号 $u(t)$ 较 $\varepsilon(t)$ 存在幅值衰减和相位延迟，这个现象被称为线圈的过渡过程。

接收线圈的等效电路模型如图 2.12 所示，其中，$\varepsilon(t)$ 表示线圈的感应电动势（EMF），

L 为线圈的电感，R 为线圈的内阻，C 为线圈的分布电容，R_b 为并联在线圈两端的阻尼电阻，$u(t)$ 为线圈的输出信号。设 L 和 C 无初始储能，关于线圈感应电动势和输出信号的传递函数 $H(s)$ 为

$$H(s) = \frac{U(s)}{\varepsilon(s)} = \frac{1}{s^2 LC + s\left(\dfrac{L}{R_b} + RC\right) + \dfrac{R + R_b}{R_b}} \tag{2.67}$$

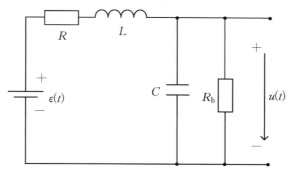

图 2.12　接收线圈的等效电路模型

式（2.67）经过拉普拉斯反变换可简化为

$$\frac{\varepsilon(t)}{LC} = \frac{\mathrm{d}^2 u(t)}{\mathrm{d}t^2} + 2\delta_1 \frac{\mathrm{d}u(t)}{\mathrm{d}t} + \omega_p^2 u(t) \tag{2.68}$$

其中，$\delta_1 = \dfrac{1}{2}\left(\dfrac{R}{L} + \dfrac{1}{R_b C}\right)$，$\omega_p = \sqrt{\dfrac{1}{LC}\left(\dfrac{R}{R_b} + 1\right)}$ 为线圈谐振频率。

定义阻尼系数

$$\xi = \frac{\delta_1}{\omega_p} = \frac{R_b RC + L}{2\sqrt{LCR_b(R + R_b)}} \tag{2.69}$$

在临界阻尼 $\xi = 1$ 的条件下，可解得式（2.70）所示的临界阻尼电阻；在欠阻尼状态下 $\xi < 1$，响应出现振荡，波形严重畸变；过阻尼状态下 $\xi > 1$，响应衰减缓慢，过渡过程较长。

$$R_b = \frac{L}{RC + 2\sqrt{LC}} \tag{2.70}$$

$u(t)$ 的波形取决于线圈传递函数 $H(s)$，如式（2.71）所示，其中，$\mathcal{L}$ 和 $\mathcal{L}^{-1}$ 分别表示拉普拉斯变换及其逆变换。

$$u(t) = \mathcal{L}^{-1}(U(s)) = \mathcal{L}^{-1}(H(s)\mathcal{L}(\varepsilon(t))) \tag{2.71}$$

典型的瞬变电磁探测信号如图 2.13 所示，在过渡过程影响下，接收线圈对一次场感应电动势及其输出波形如图 2.13(b) 中 $\varepsilon_f(t)$ 和 $u_f(t)$ 所示，二次场感应电动势及其输出电压波形分别如图 2.13(c) 中 $\varepsilon_s(t)$ 和 $u_s(t)$ 所示，一次场响应主要存在于发送电流关断期间，由地下涡流产生的二次场响应在发送电流关断之后近似指数衰减。总感应电动势

$\varepsilon(t) = \varepsilon_f(t) + \varepsilon_s(t)$，线圈的实际输出波形 $u(t) = u_f(t) + u_s(t)$，如图 2.13(d) 所示，两个波形只有在晚期才趋于重合，这种畸变降低了探测结果的可靠性。

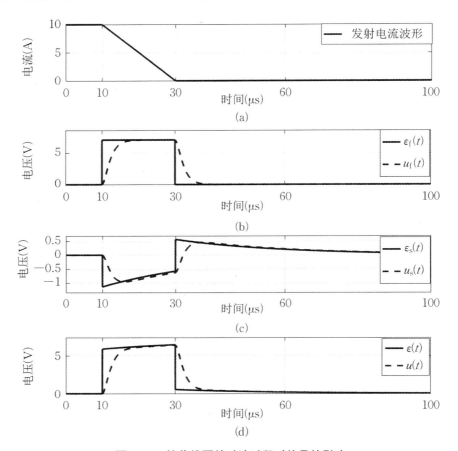

图 2.13　接收线圈的过渡过程对信号的影响

2.5　小回线装置的浅层盲区探测原理

2.5.1　小回线装置的浅层探测盲区

瞬变电磁浅层探测能力取决于早期二次场信号的完整性，由发送、接收线圈互感导致的一次场信号混叠以及接收线圈储能效应引起的过渡过程是造成小回线装置浅层探测盲区主要原因。本小节基于导电半空间模型展示小回线装置的浅层探测盲区现象。

对于图 2.8 所示的导电半空间模型，设 $\rho_1 = 1\ \Omega\cdot\mathrm{m}$ 且导电立方体埋深 $h = 10\ \mathrm{m}$，选用中心回线作为瞬变电磁线圈装置，发射线圈和接收线圈的半径分别为 0.6 m 和 0.25 m，匝数分别为 10 和 100，将式（2.59）所示的发射电流 $i_\mathrm{T}(t)$ 注入发射线圈，稳态值 $I_\mathrm{T} = 10\ \mathrm{A}$，关断时间 $T_\mathrm{off} = t_1 - t_0 = 14\ \mu\mathrm{s}$，其中，$i_\mathrm{T}(t)$ 在 t_0 开始下降并在 t_1 下降到零。中心回线装置对 $\rho_1 = 1\ \Omega\cdot\mathrm{m}$ 导电立方体的特征信号 $u_\mathrm{f}(t)$ 如图 2.10 抛物状线所示，而对应于 $\rho_1 = 10\ \mathrm{k\Omega\cdot m}$ 的特征信号如图 2.10 加粗横虚线所示。由图 2.10 所示，对应于低电阻率异常体的特征信号峰值接近 $+118\ \mu\mathrm{V}$，对应于高电阻率异常体的特征信号峰值降为 $-2.2\ \mu\mathrm{V}$，且峰值时刻从 2.4 μs 提前至 2 μs。这表明以高阻异常体为检测目标的线圈装置必须具备更高的灵敏度和更早的有效采样时刻。

图 2.14 对比了一次场响应混叠现象对 100 Ω·m 均匀半空间响应信号的影响，计及一次场响应混叠现象的全响应信号如加粗虚线所示，剔除一次场响应分量的纯二次场响应信号如实线所示。从图 2.14 可以看出，在过渡过程作用下，一次场响应扩大了中心回线装置的信号动态范围，全响应的幅值是纯二次场响应的数千倍。为了保护采集电路，接收机对幅值过大的信号实施削波处理，从而导致早期数据的丢失。以 $i_\mathrm{T}(t)$ 降至零的时刻为起点，如果削波阈值设为 10 V，中心回线装置丢失了 8.2 μs 以内的数据。然而，由图 2.10 可知，特征信号 $u_\mathrm{f}(t)$ 的峰值主要分布在 $i_\mathrm{T}(t)$ 关断后的 1～4 μs 内，因此在限幅削波的影响下，中心回线装置损失了导电立方体的特征信号。

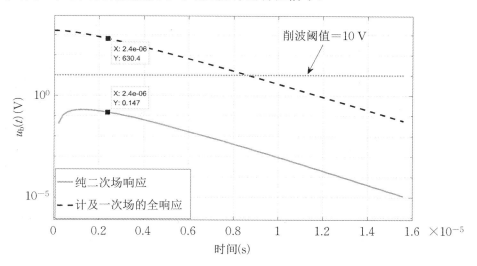

图 2.14　100 Ω·m 均匀半空间响应

通过视电阻率剖面图可以直观地展示早期信号失真对浅层勘探效果的影响。在图 2.8 的点 1、2、3、4 处分别采集中心回线装置对低电阻率立方体和高电阻率立方体的仿真数据,并使用视电阻率反演算法将它们绘制为视电阻率等值线图,如图 2.15 和图 2.16 所示。其中基于纯二次场响应和全响应的低电阻率立方体成像结果分别如图 2.15(a)和(b)所示,而它们对高电阻率异常体的视电阻率成像结果分别如图 2.16(a)和(b)所示。

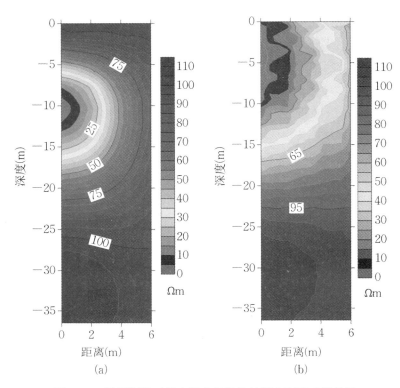

图 2.15　限幅削波对低电阻率目标体的视电阻率成像结果

　　一方面,由图 2.15(b)和图 2.16(b)可知,计及一次场响应的视电阻率等值线图无法准确定位埋深 10 m 的导电立方体,其定位深度被缩小且轮廓残缺。这是由于削波失真导致中心回线装置损失了发送电流关断之后的 8.2 μs 的数据,如图 2.14 所示。此外,由于高阻异常体的特征信号幅值较小,且峰值时刻早于低阻异常体,中心回线装置对图 2.8 中高电阻率立方体的探测效果比对低电阻率立方体的探测效果更糟糕;因为早期数据的丢失,图 2.16(b)几乎错过了高阻立方体的形态。另一方面,剔除一次场响应后的仿真信号完整保留了浅层异常体的特征信号,因此基于纯二次场响应的探测结果与图 2.8 所示模型完全吻合,如图 2.15(a)和 2.16(a)所示。

　　综上所述,瞬变电磁浅层探测能力取决于早期二次场信号的完整性,由发送、接收线圈互感导致的一次场信号混叠以及由接收线圈储能效应引起的过渡过程是造成小回线装置浅层探测盲区主要原因。此外,与低阻异常体相比,高阻异常体的特征信号具有更弱的幅值和更早的峰值时刻,因此,浅层高阻异常的检测成为小回线装置的严峻挑战。

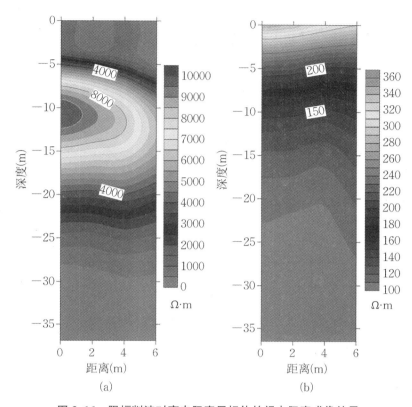

图 2.16　限幅削波对高电阻率目标体的视电阻率成像结果

2.5.2　小回线探测盲区的特性分析

本小节使用导电环模型分析小回线装置的响应特性及其对浅层探测盲区的影响。

与传统大回线装置相比,一方面,小回线装置发送线圈与接收线圈的间距更近,强烈的互感加剧了一次场响应与特征信号的混叠现象,难以避免由限幅削波导致的早期信号缺失。另一方面,小回线装置的接收线圈具有直径小、匝数多等特点,由此加剧的过渡过程现象导致更为显著的早期响应畸变。

1. 一次场响应混叠问题

为展示一次场响应对小回线装置探测信号的影响,设导电环模型的发射线圈半径为 0.6 m,匝数为 10,在其中心布置一个半径 0.1 m 的 100 匝同轴接收线圈组成 TEM 常用的中心回线装置。在中心回线所处平面下方 1 m 处布置一个半径为 0.2 m 的单匝导电环。向激励线圈通入式(2.59)所示的电流 $i_T(t)$,接收线圈对 $i_T(t)$ 和导电环涡流的响应 $u_t(t)$ 如图 2.17 虚线所示,由导电环涡流感应的纯二次场响应 $u_s(t)$ 如图 2.17 的实线所示。由图 2.17 可知,当 $i_T(t)$ 完全关断后 $u_t(t)$ 的峰值约为 $u_s(t)$ 的 880 倍,且一次场响应对信号的影响持续到 i_T 关断后 50 μs,一次场响应增加了信号的动态范围,导致有效采样时间后延。

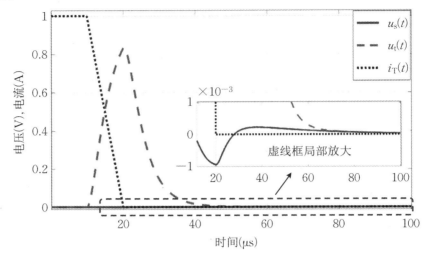

图 2.17 一次场对信号动态范围的影响

小回线装置发送、接收线圈的距离是影响一次场混叠程度的主要原因。为展示由一次场混叠导致的信号畸变程度与线圈间距的关系,将不同发送线圈半径的响应峰值比 $\eta = \max(u_t)/\max(u_s)$ 绘制于图 2.18 中,其中,$\max(u_t)$ 和 $\max(u_s)$ 分别表示当保持接收线圈参数和发送磁矩不变的前提下,$i_T(t)$ 完全关断后总响应 $u_t(t)$ 与纯二次场响应 $u_s(t)$ 的峰值。由图 2.18 虚线可知,使用与浅层目标体尺寸相近的发送线圈可以提高二次场

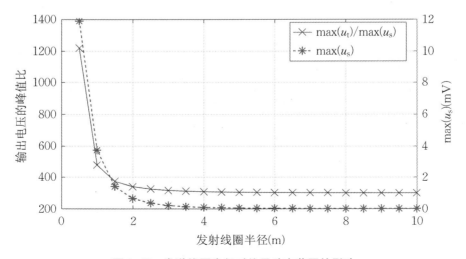

图 2.18 发送线圈半径对信号动态范围的影响

响应的强度。由于发送线圈靠近接收线圈时,它们的互感系数 M_{TC} 显著增加,所以当发射线圈的半径小于 2 m 时,比率 η 显著增加,小尺寸的发送线圈为中心回线装置带来强烈的一次场响应,如图 2.18 实线所示。

特征信号是导电异常体固有特性的表现形式,随着一次场响应在总探测信号中占比的提升,同一导电异常体的特征信号在小回线装置探测信号中的占比将显著低于大回线装置。由于特征信号的波形是反演算法辨识地质异常体的依据,因此强烈的一次场响应混叠现象显著地削弱了小回线装置的可靠性。

不仅如此,由一次场扩大的信号幅值可能超出采集电路的阈值,为保证数据采集电路的正常工作,小回线装置面临更为严重的限幅削波,导致有效采样时刻后延,由此造成的削波失真对早期响应信号带来不可逆的损失。为了避免削波失真,常见的解决方案是采用硬件电路将高动态范围的信号峰值降至削波阈值以内。然而,信号幅度的减小不会提升特征信号在总探测信号中的占比,但来自环境和信号采集电路的噪声将对特征信号产生更为显著的影响,从而降低特征信号的信噪比。

综上所述,小回线装置的缺陷包括一次场混叠对特征信号的稀释以及限幅削波导致的早期信号缺失。

2. 过渡过程与输出信号的畸变

由于小回线装置的直径通常小于 3 m,为了保障足够的发送、接收面积,小回线装置发射线圈和接收线圈的匝数远大于传统的大线源装置,导致接收线圈频带宽度缩小,加剧了输出信号较二次场感应电动势的畸变程度。

由图 2.12 可知,接收线圈可视为 R,L,C 的二次回路,其谐振频率为

$$\omega_{p} = \sqrt{\frac{1}{LC}\left(\frac{R}{R_{b}}+1\right)} \tag{2.72}$$

ω_{p} 可以近似等效为线圈的频带宽度。因此,线圈的频带宽度与线圈的电感值及分布电容值成反比。

由于瞬变电磁接收线圈的电感通常是 mH 级,而分布电容约为 pF 级,故频带宽度受电感值的影响远大于分布电容,因此,线圈的频带宽度主要取决于自感系数。接收线圈电感的计算公式参考《感应系数计算手册》[72]:

$$L = \frac{\mu_{0}}{4\pi}N^{2}d_{J}\lambda' \tag{2.73}$$

其中,N 表示接收线圈的匝数,d_J 表示线圈的直径,λ' 表示关于变量 $\beta=h/d_J$ 的函数,h 表示线圈的垂向高度,如式(2.74)所示。

$$\lambda' = 2\pi\left[\left(1+\frac{\beta^{2}}{8}-\frac{\beta^{4}}{64}+\cdots\right)\ln\frac{4}{\beta}-\frac{1}{2}+\frac{\beta^{2}}{32}+\frac{\beta^{4}}{96}+\cdots\right] \tag{2.74}$$

固定接收线圈有效面积 $100\ \mathrm{m^2}$,圆形线圈的电感与半径的关系如图 2.19 所示。

由图可知,对单个接收线圈,半径越大越有利于减小自身的电感值,这是由于较大的半径显著减少了线圈的匝数。受限于装置的尺寸,小回线瞬变电磁系统通过增加线圈的匝数提升接收线圈的有效面积,导致接收线圈频带宽度缩小,加剧了输出信号较二次场感应电动势的畸变程度。

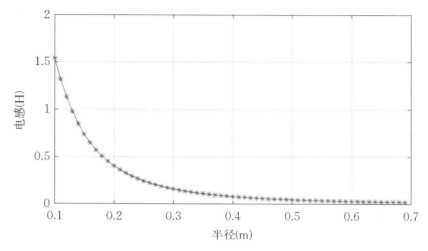

图 2.19　接收线圈的自感系数与半径的关系

基于导电环标定模型,观察接收线圈频带宽度对输出信号畸变程度的影响,如图 2.20 所示。设发送电流在 $t=0$ 时刻降为零,导电环的时间常数 $\tau_b=50\ \mu s$,实线表示一次场消失后接收线圈的感应电动势 $\varepsilon(t)$,频带宽度为 $10\ kHz$ 的接收线圈的输出信号 $u_{10}(t)$ 如虚线所示,而频带宽度为 $50\ kHz$ 的接收线圈的输出信号 $u_{50}(t)$ 如点线所示。在过渡过程影响下,$u_{50}(t)$ 在 $t=10\ \mu s$ 时开始衰减,峰值为 $4.2\ V$,而 $u_{10}(t)$ 在 $t=34\ \mu s$ 时开始衰

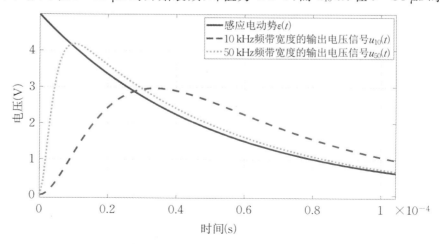

图 2.20　过渡过程对 TEM 二次场信号的影响

减,其峰值仅为 2.95 V。

由图 2.20 可知,接收线圈频带宽度的下降加剧了输出信号的过渡过程,降低了线圈对感应电动势的跟随能力,早期输出信号产生畸变,降低了浅层探测的可靠性。

总之,受限于小回线装置的尺寸,线圈之间的互感以及接收线圈的自感现象较传统大回线装置更加突出,由此导致的早期信号畸变显著扩大了浅层探测盲区。

2.3.3　小回线装置浅层探测方案

导致反映浅层信息的信号失真来源于两个方面:一次场响应混叠现象和接收线圈的过渡过程。实现小回线装置浅层勘探的技术方案便是将畸变的一次场混叠信号恢复为纯二次场响应。

(1) 针对瞬变电磁装置的一次场响应混叠问题,Smith[73]、嵇艳鞠[74]、Walker[75] 等研究人员提出通过数值计算求解接收线圈的一次场磁链,在后期数据处理过程中从探测信号中将一次场响应剔除,从而消除了一次场响应对早期信号的影响。然而,这种数值处理方法并不适用于小回线装置。一方面,小回线装置的发送线圈与接收线圈的匝数多、间距近,线圈之间的互感现象远高于传统大回线装置,因此,其早期探测信号通常高于接收机采集电路的信号阈值,导致早期信号的不可逆损失。不仅如此,小回线装置通常采用多匝绕制的小线框作为接收线圈以获得足够的有效接收面积,由于线圈的自感系数正比于匝数的二次方,匝数的增加降低了接收线圈的频带宽度,在显著的过渡过程作用下,延长了早期信号的削波损失程度。即便忽略小线框发射线圈中心磁场的非均匀分布对接收线圈一次场磁链的求解难度,也不可能通过剔除一次场响应的方式从残缺的探测信号中获取二次场响应。因此,弱磁耦合结构是解决小回线装置一次场响应混叠问题的有效途径[76]。

基于现有弱磁耦合线圈设计方案的有效发射、接收面积损耗以及一次场屏蔽稳定性等方面的缺陷,本书拟提出可避免发射磁矩和二次场强度损失的新型弱磁耦合线圈设计方案,努力提升小回线装置对目标体的检测灵敏度和一次场抵消效果的稳定性,通过有效降低探测信号的动态范围以避免削波损失导致的浅层探测盲区。

(2) 对于接收线圈匝数较多的小回线装置,其过渡过程对信号的影响难以通过线圈的结构优化得以有效解决,必须通过标定技术获取线圈感应电动势和输出信号的映射,并基于标定文件将畸变的输出信号还原为二次场感应电动势。本书基于标定误差与瞬变电磁探测精度的定量分析,研究了环境介质与线圈结构形变对探测可靠性的影响,验证了实施现场标定的必要性。

现有的标定技术必须通过建立均匀的标定磁场保证线圈感应电动势的可控性,适配小回线瞬变电磁接收线圈的场源发生装置体积庞大,不具备现场标定能力。另外,频率响应法的标定精度取决于标定磁场的均匀度以及测试频点的数目,在标定磁场非均匀度以及测试频率点的制约下,难以对频率响应法的标定误差实施定量评估。而航空瞬变电磁领域采用的导电环标定法存在土壤涡流以及高次互感响应,其对地面小回线标定装置的干扰难以定量评估。

针对小回线装置现场标定方案的缺失,本书拟通过建立不需求解感应电动势的无源标定方案摆脱标定过程对均匀磁场的依赖。针对标定文件可靠性的定量评估问题,本书拟通过设计新的信号处理算法解除误差评估对标准感应电动势的依赖,进而实现非均匀磁场环境下的标定精度分析。

第 3 章　浅层瞬变电磁传感器
——弱磁耦合技术

　　由于瞬变电磁发射、接收线圈互感等因素的影响,反映浅层地质状态的早期二次场信号混入了强烈的一次场信号,这种早期信号的畸变导致了浅层探测结果失真,也就是通常所谓的探测盲区。针对小回线装置的一次场混叠问题,本章在分析弱磁耦合线圈设计原理的基础上,阐述了一种不损失发射磁矩和二次场采集能力的跨环消耦线圈设计方案。讨论了针对探测灵敏度和一次场屏蔽稳定性的参数优化问题。针对串联式弱磁耦合装置的信号振荡问题,基于串联式线圈的等效电路模型研究了导致信号振荡的原因,提出并验证了该问题的解决方案。展示了跨环消耦结构较其他弱磁耦合方案在探测灵敏度与一次场屏蔽稳定性方面的优势。

3.1　弱磁耦合结构的设计原理

　　基于载流线圈在空间的磁场分布,本节研究弱磁耦合结构的设计原理。

　　通过坐标变换,将 Jackson[77] 推导的基于半径为 R,携带电流为 I 的以球坐标系原点为中心的单线圈磁场表达式 B_z 转换至圆柱坐标系:

$$B_z = \frac{\mu_0 Ik}{8\pi \sqrt{rR}}\left[2K(k) + \frac{Rk^2 - (2-k^2)r}{r(1-k^2)}E(k)\right] \tag{3.1}$$

其中,μ_0 是自由空间的磁导率,r 是观测点的径向距离,$k = \sqrt{4Rr/[z^2 + (R+r)^2]}$,$z$ 是垂直坐标, $K(k)$ 和 $E(k)$ 分别是第一类和第二类完全椭圆积分。

$$K(k) = \int_0^{\pi/2} \frac{\mathrm{d}\theta}{\sqrt{1 - k^2\sin^2\theta}} \tag{3.2}$$

$$E(k) = \int_0^{\pi/2} \sqrt{1 - k^2\sin^2\theta}\,\mathrm{d}\theta \tag{3.3}$$

设 $R=0.6\,\mathrm{m}$，$I=1\,\mathrm{A}$，B_z 在相应直角坐标系的 $x=0$ 平面分布如图 3.1 所示。其中，位于 $y=-0.6\,\mathrm{m}$ 处线圈截面的电流垂直纸面向外，而位于 $y=+0.6\,\mathrm{m}$ 处线圈截面的电流垂直纸面向里。根据右手定则（right-hand grip rule），$x=0$ 平面上位于线圈内部的 B_z 与 z 轴正方向一致，在图 3.1 中标记为亮色，如点 1～3 所示，而位于线圈外部的 B_z 与 z 轴正方向相反，在图 3.1 中标记为暗色，如点 5 所示，B_z 的方向在点 4 附近发生反向。

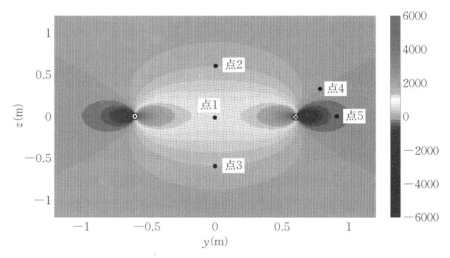

图 3.1　线圈在 $x=0$ 平面的 z 向磁感应强度分布 B(nT)

根据磁场的叠加原理（magnetic field superposition principle），弱磁耦合结构可以将接收线圈的轴向一次场磁通降为零，从而消除发送、接收线圈的互感。

由图 3.1 可知，B_z 关于 $x=0$ 平面对称分布，且幅值与线圈的距离成反比。对应于点 2 和点 3 的 B_z 幅值相等、方向相同，若分别在这两点布置两个参数相同但绕制方向相反的接收线圈，则通过它们的一次场总磁通等于零，基于这一特性的弱磁耦合结构被称为差分结构，如图 3.2(a)所示。同理，若在点 2、点 3 处布置两个发射线圈，并通入方向相反的电流，则通过位于点 1 的同轴接收线圈的一次场总磁通也为零，该结构即为反磁通结构，如图 3.2(b)所示。补偿环结构将这三个线圈同轴布置在同一平面，半径从大到小依次为发射线圈、补偿线圈和接收线圈，如图 3.2(c)所示。然而，反向绕制的线圈降低了设备与目标体的耦合强度。由图 3.1 可知，B_z 的方向在点 4 附近发生反向，SkyTEM 利用这种现象将接收线圈布置在发射线圈边缘，通过调节接收线圈的位置以实现一次场的抵消，如图 3.2(d)所示。但是该结构对一次场的屏蔽效果受两线圈圆心距的显著影响，因此结构稳定性对信号质量的影响难以忽略。

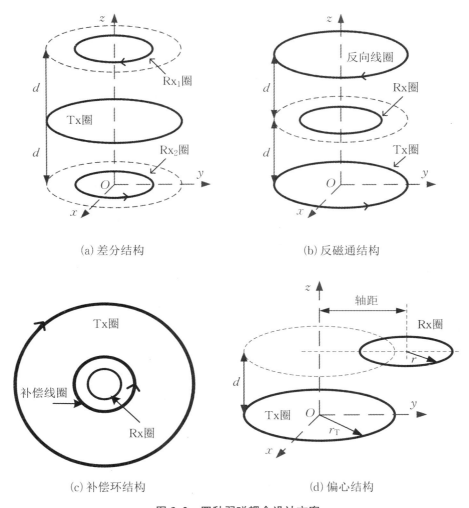

(a) 差分结构　　　　　　　　(b) 反磁通结构

(c) 补偿环结构　　　　　　　(d) 偏心结构

图 3.2　四种弱磁耦合设计方案

3.2　一种新的跨环消耦技术

由图 3.1 可知,点 5 的 B_z 方向与点 1 或点 2 的相反,根据这一现象本书提出了跨环消耦结构。如图 3.3 所示,将发射线圈置于 $z=0$ 平面,与其同轴的接收线圈由两个子线圈构成,其中位于 $z=d$ 平面的子线圈的半径小于发射线圈,称为内接收线圈 Rx_1,位于 z

＝0 平面的子线圈呈 C 形外包于发射线圈,称为外接收线圈 Rx_2。两接收线圈的绕制方向一致,内接收线圈的输出端与外接收线圈的输入端串联。由于两接收线圈跨接在发射环上,因此称其为跨环消耦结构。

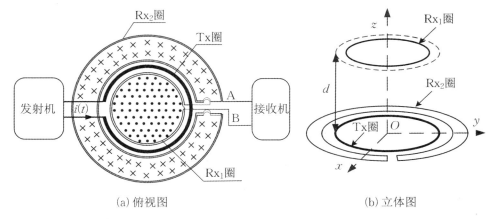

(a) 俯视图   (b) 立体图

图 3.3　跨环消耦线圈结构示意图

记内接收线圈的一次场磁链为 $\psi 1_{R1}$,二次场磁链为 $\psi 2_{R1}$,外接收线圈的一次场磁链和二次场磁链分别为 $\psi 1_{R2}$,$\psi 2_{R2}$,则线圈的感应电动势为

$$\varepsilon(t) = -\left(\frac{\mathrm{d}\,\psi 1_{R1}}{\mathrm{d}t} + \frac{\mathrm{d}\,\psi 2_{R1}}{\mathrm{d}t} + \frac{\mathrm{d}\,\psi 1_{R2}}{\mathrm{d}t} + \frac{\mathrm{d}\,\psi 2_{R2}}{\mathrm{d}t} \right) \tag{3.4}$$

如图 3.3 所示,$i(t)$ 表示发射线圈的电流,·表示该点的一次场方向垂直纸面向外,×表示该点的一次场方向垂直纸面向里,通过内接收线圈和外接收线圈的一次场磁通的方向相反,调整两个子线圈的参数使得 $\psi 1_{R1} = -\psi 1_{R2}$,从而获得纯二次场响应:

$$\varepsilon(t) = -\left(\frac{\mathrm{d}\,\psi 2_{R1}}{\mathrm{d}t} + \frac{\mathrm{d}\,\psi 2_{R2}}{\mathrm{d}t} \right) \tag{3.5}$$

如图 3.3 所示,跨环消耦结构的参数包括发射线圈的半径 r_T 和匝数 N_T,内接收线圈半径 r_1 和匝数 N_1,内接收线圈距 $z=0$ 平面的垂直距离 d,外接收线圈的内径 r_2 和外径 r_3 以及匝数 N_2。

设外接收线圈的单匝面积和单匝一次场磁通分别为 S_2 和 Φ_2,将内接收线圈的单匝一次场磁通设为关于半径 r_1 和距离 d 的函数 $\Phi_1(r_1,d)$,则 Φ_1 与 r_1 成正比,与 d 成反比,如图 3.4 所示。因此当外接收线圈的参数固定后,可通过两种方式获得纯二次场响应:调节内接收线圈的半径 r_1 和匝数 N_1,或调节内接收线圈距 $z=0$ 平面的距离 d。由于定型后线圈的半径不可调节,因此前者适于设计阶段的粗调,后者适于装配阶段的微调。

将内接收线圈的单匝面积设为关于 r_1 的函数 $S_1(r_1)$,为消除探测信号的一次场混叠现象,跨环消耦结构的参数设置流程如下所述:

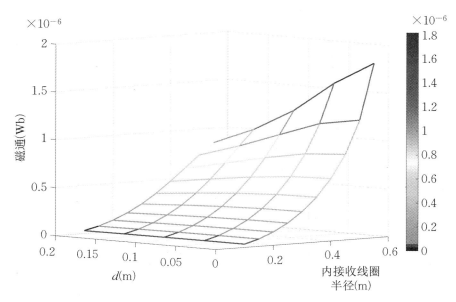

图 3.4　内接收线圈的单匝一次场磁通

（1）根据使用环境确定外接收线圈的外径 r_3；

（2）合理设置 r_1 与 r_T 以及 r_2 与 r_T 的间隔以降低发射线圈与接收线圈的电容耦合；

（3）根据所需的发送磁矩 m 设置 N_T，其中，$m = \pi r_1^2 N_T I_T$，I_T 是发送电流的稳态值；

（4）对于确定的 r_T，r_1，r_2 和 r_3，为每一匝外接收线圈匹配 n 匝内接收线圈，使一次场总磁通为零：

$$n\Phi_1(r_1, d) + \Phi_2 = 0 \tag{3.6}$$

（5）将这种组合称为一个单元，将 m 个单元叠加以获得所需的等效接收面积：

$$S = m(nS_1(r_1) + S_2) \tag{3.7}$$

（6）根据步骤（5）获得内接收线圈的匝数 $N_1 = mn$，外接收线圈的匝数 $N_2 = m$，此时接收线圈相对发射线圈的位置称为零耦合位置。

3.3　感应式传感器参数设计

除了实现对一次场的屏蔽，弱磁耦合式瞬变电磁线圈还应具备对目标体灵敏的检测能力以及稳定的一次场屏蔽效果。前者取决于装置与探测目标体的磁耦合强度以及接收线圈对磁场的输出特性，应将接收线圈布置在二次场磁力线分布密集的区域，而后者要求降低接收线圈与发射线圈的互感及其对线圈微小位移的灵敏度,故应避免将接收线圈布置在一次场磁力线分布密集的区域。

本节基于上述两种指标定量分析跨环消耦线圈的参数优化问题。一方面,将线圈对二次场的检测能力量化为输出灵敏度,即设备将单位动态磁场转换为输出电压信号的幅值,通过分析跨环消耦结构的参数与输出灵敏度的关系,制定相应的参数优化方案。另一方面,将线圈设备对一次场的屏蔽稳定性量化为解耦合稳定系数,反映了弱磁耦合结构的一次场抵消效果对线圈相对位移的裕度。基于输出灵敏度的优化结果,进一步研究基于解耦合稳定系数的参数优化方案,并最终获取跨环消耦结构的最优参数组合。

3.3.1 基于输出灵敏度的线圈参数优化

线圈的输出灵敏度表示设备将动态磁场转换为输出电压信号的能力。如图 3.5 所示,瞬变电磁接收线圈将空间的时变磁场转换为感应电动势 $\varepsilon(t)$,并以端口电压 $u(t)$ 的形式输出,其中,$\varepsilon(t)$ 与 $u(t)$ 的关系取决于线圈的传递特性 $H(s)$。因此,线圈的输出灵敏度由两个方面决定:将单位变化的磁场转化为 $\varepsilon(t)$ 的能力以及输出信号 $u(t)$ 较感应电动势 $\varepsilon(t)$ 的保真度。前者可称为线圈的感应灵敏度,后者受限于线圈的频带宽度。

图 3.5　接收线圈的工作方式

本小节选用不接地导电环为二次场源的涡流响应模型定量分析内接收线圈参数与感应灵敏度以及线圈频带宽度的关系,进而确定内接收线圈的参数。以发射线圈所处平面为 $z=0$ 平面,将半径为 1 m 的标定线圈同轴置于 $z=-1$ m 平面。将跨环消耦结构的部分参数固定为:发射线圈的半径 $r_T=0.6$ m,匝数 $N_T=10$,发送磁矩 $m=791$ A·m^2。外接收线圈的内径 $r_2=0.65$ m,外径 $r_3=0.7$ m,接收线圈有效面积 20 m^2。

1. 感应灵敏度

弱磁耦合结构对二次场的感应灵敏度可定义为对应于单位变化磁场的感应电动势的幅值。在导电环标定模型中,导电环电流 i_L 在接收线圈上产生的二次场感应电动势为

$$\varepsilon_2(t) = -\frac{\mathrm{d}\psi}{\mathrm{d}t} = -M_{LR}\frac{\mathrm{d}i_L(t)}{\mathrm{d}t} \tag{3.8}$$

其中,$\dfrac{\mathrm{d}\psi}{\mathrm{d}t}$ 表示线圈的磁链随时间的变化率,$\dfrac{\mathrm{d}i_L}{\mathrm{d}t}$ 表示导电环电流随时间的变化率,M_{LR} 为导电环与接收线圈的互感系数,计算公式如式(3.9)所示,其中,I_1 表示导电环的电流,ψ_{21} 表示由导电环产生的磁场在接收线圈内的磁链。

$$M_{\mathrm{LR}} = \psi_{21}/I_1 \tag{3.9}$$

考虑到 M_{LR} 仅与线圈的形状以及线圈的相对位置有关,不妨将 $M_{\mathrm{LR}}(r_1, d)$ 作为衡量装置二次场感应灵敏度的参考变量。对于固定的内接收线圈半径 r_1,通过缩小线圈间距 d 显然可以实现互感 M_{LR} 的提升,以下重点分析在线圈间距 d 确定的情况下,感应灵敏度与内接收线圈半径 r_1 的关系。由等式(3.6)可知,对于固定的距离 d,r_1 的减小降低了 Φ_1,由于 Φ_2 不变,必须增大 n 以保证等式(3.6)的成立。若由载流线圈激发的磁场在与其平行的平面内均匀分布,则 $nS_1(r_1)$ 保持不变,然而由图 3.6 可知,载流线圈产生的一次磁场在线圈平行平面的分布是非均匀的:接收线圈与发射线圈的距离往往较小,此时磁感应强度 B_z 随 r_1 减小而降低,因此,当 r_1 减小时,n 大于磁场均匀情况下的取值,$nS_1(r_1)$ 随 r_1 减小而增加。接收线圈与导电线圈距离较大,此时 B_z 随 r_1 减小而增大,所以流入 $nS_1(r_1)$ 的二次场磁链必将随 r_1 减小显著增大。因此,r_1 的减小反而增强了接收线圈的感应灵敏度。

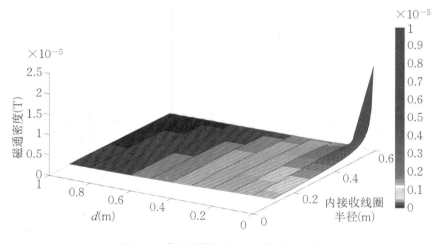

图 3.6 载流线圈平行平面的磁场分布

在跨环消耦结构的预设参数情况下,$M_{\mathrm{LR}}(r_1, d)$ 与内接收线圈半径 r_1 和距离 d 的关系如图 3.7 所示,可见,$M_{\mathrm{LR}}(r_1, d)$ 是关于 r_1 和 d 的减函数,通过降低 d 或 r_1 可以提高接收线圈对二次场的感应电动势。

2. 线圈的频带宽度

感应灵敏度反映了接收线圈将时变磁场转换为感应电动势的能力,然而线圈的输出信号并不等于感应电动势,这是由于电感和分布电容缩小了空心线圈传感器的频带宽度,导致传感器对早期二次场的响应失真,这种现象被称为接收线圈的过渡过程。根据电磁信号的趋肤效应可知,以浅层勘探为目标的瞬变电磁设备需要具备对高频二次场信号的采集能力。

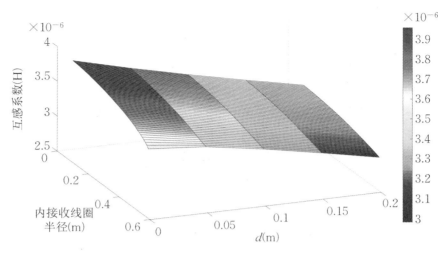

图 3.7 $M_{LR}(r_1,d)$ 与内接收线圈半径 r_1 和距离 d 的关系

线圈的频带宽度与线圈的电感值及分布电容值成反比。由于瞬变电磁接收线圈的电感通常是 mH 级,而分布电容约为 pF 级,故电感值对频带宽度的影响远大于分布电容,因此,本小节重点研究跨环消耦线圈采用的串联式双接收结构对电感系数的影响。

依据子线圈的分布状态,串联式接收线圈可分为两类:同轴串联结构和共面串联结构,如图 3.8(a)、(b)所示。两种串联结构均通过降低子线圈之间的互感系数实现总自感系数的降低,从而获得更大的频带宽度。单个紧密绕制的线圈可视为 n 个子线圈的串联,其自感系数 $L_{lump} = \sum\limits_{i=1}^{n} L_i + \sum\limits_{i=1}^{n} M_i (i = 1, \cdots, n)$,其中,$L_i$ 表示每个子线圈的自感系数,M_i 为相邻子线圈的互感系数(忽略其他互感系数),此时 M_i 与 L_i 的极性相同,故总的互感系数 $L_{lump} > \sum\limits_{i=1}^{n} L_i$。图 3.8(a)所示的同轴串联结构增加了子线圈的距离,从而降低了子线圈之间的互感系数 M_i,故其总自感系数 $L_{axis} < L_{lump}$。图 3.8(b)所示的共面串联

(a) 同轴串联结构　　　　(b) 共面串联结构　　　　(c) 集中式线圈结构

图 3.8　集中式与串联式线圈结构

结构的 M_i 与 L_i 的极性相反,故这种分布式线圈的互感系数 $L_{\text{flat}} < \sum_{i=1}^{n} L_i < L_{\text{axis}} < L_{\text{lump}}$。显然,对于同轴串联结构,相邻的子接收线圈的距离越远,L_{axis} 越小。而对于共面串联结构,相邻的子接收线圈的距离越近,L_{flat} 越小。如图 3.8(c)所示,集中式线圈结构由 8 个半径 0.11 m 的 60 匝子线圈组成,测得自感系数 $L_{\text{lump}} \approx 73$ mH,谐振频率为 83 kHz;图 3.8(a)所示的同轴串联结构的自感系数 $L_{\text{axis}} \approx 50$ mH,谐振频率为 120 kHz;图 3.8(b)所示的共面串联结构的自感系数 $L_{\text{axis}} \approx 38$ mH,谐振频率为 157 kHz。显然,串联式接收线圈有利于获取更大的频带宽度。

因此,与中心回线使用的单个接收线圈相比,跨环消耦结构的串联式双接收线圈可以通过降低子线圈之间的互感系数实现总自感系数的降低,从而获得更大的频带宽度,有利于对高频二次场信号的采集。

跨环消耦结构的接收线圈电感 $L = L_1 + L_2 + 2M_{12}$,其中,L_1 表示内接收线圈的自感系数,L_2 是外接收线圈的自感系数,M_{12} 是两个子线圈的互感系数。

仍然将接收线圈有效面积固定为 20 m² ,外接收线圈的内径 $r_2 = 0.65$ m,外径 $r_3 = 0.7$ m,基于式(3.6)和式(3.7),图 3.9 展示了接收线圈的总电感值 $L(r_1, d)$ 与内接收线圈半径 r_1 和距离 d 的关系。由于线圈电感正比于匝数的平方,故 r_1 的减小将显著降低接收线圈的频带宽度,因此,$L(r_1, d)$ 随内接收线圈半径 r_1 的增加迅速衰减,如图 3.9 所示。当 $d > 0.03$ m 时,内接收线圈的高度对接收线圈总电感系数的影响较小,而 $d < 0.03$ m 时,$L(r_1, d)$ 对 r_1 和 d 的灵敏度很高,这主要由于 M_{12} 受 d 的影响较大。因此,选用较大的 r_1 可以显著提升接收线圈的频带宽度。

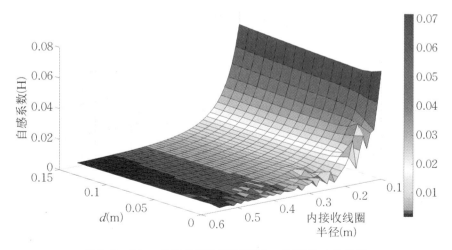

图 3.9　$L(r_1, d)$ 与内接收线圈半径 r_1 和距离 d 的关系

3. 基于输出灵敏度的参数优化

线圈的输出灵敏度取决于装置的感应灵敏度和接收线圈的频带宽度。线圈的感应灵敏度体现了将二次场转化为感应电动势的能力,在导电环模型中,线圈的感应灵敏度被量化为导电环与接收线圈的互感系数 M_{LR},接收线圈的输出电压峰值 V 正比于互感系数 M_{LR}。另外,线圈的频带宽度表现为输出信号对感应电动势的跟随能力。对于相同的感应电动势,接收线圈的输出电压峰值 V 正比于线圈的频带宽度。因此,接收线圈的输出电压峰值 V 可以综合反映接收线圈对二次场信号的输出灵敏度,不妨将获取最高输出电压峰值作为跨环消耦结构内接收线圈的参数优化目标。

由图 3.7 和图 3.9 可知,虽然通过减小 r_1 可以提高接收线圈的感应灵敏度,但由此降低的频带宽度减小了输出信号的峰值电压 V,所以必然存在某个参数组合 (r_1, d),可以使跨环消耦结构获得最高输出电压峰值 V。

线圈的输出电压峰值 V 与 (r_1, d) 的关系可通过导电环模型确定。在预设的线圈参数下,V 关于半径 r_1 和距离 d 的变化趋势如图 3.10 所示,由图可知线圈的峰值输出电压 V 在 $r_1 = 0.25$ m,$d = 0$ 时获得最大值,此时跨环消耦结构拥有最高灵敏度。因此,内接收线圈参数的推荐区间为 0.2 m$\leqslant r_1 \leqslant 0.5$ m,$d = 0$。

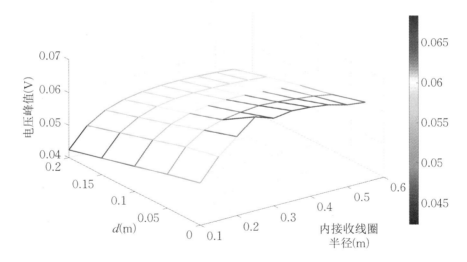

图 3.10　接收线圈输出电压峰值与线圈参数的关系

3.3.2　基于解耦合稳定性的线圈优化

理论上,弱磁耦合结构可以通过调整线圈的参数完全消除探测信号中的一次场响应成分,但在实际中很难实现。这是因为线圈的制作与安装存在公差,不能保证线圈的实际尺寸与理论计算结果完全一致，即使公差可以忽略，由材料老化或电磁力导致的结构形变也会降低设备对一次场的抑制效果。因此，弱磁耦合结构对一次场的屏蔽效果必须具备足够的稳定性。本小节基于不接地导电环的涡流响应模型定量分析内接收线圈参数与一次场屏蔽稳定性的关系，进而确定跨环消耦结构的最优参数组合。

一次场响应主要分布在关断期间，因此关断期间的峰值电压可以揭示一次场残余程度。当接收线圈偏离零耦合位置时，记接收线圈在发送电流关断期间的输出电压峰值较之前输出电压峰值 u_p 的变化率为 $100\% - \alpha$，α 称为线圈装置的解耦合稳定系数，如等式 (3.10) 所示，其中，u_{p+} 和 u_{p-} 分别表示当接收线圈沿发射线圈径向或垂向的坐标增加、减小后，接收线圈在发送电流关断期间的峰值输出电压。α 越大表示线圈的相对位移对一次场的屏蔽效果影响越小，弱耦合结构越稳定。

$$\alpha = 1 - \max\left\{\frac{|u_{p+} - u_p|}{|u_p|}, \frac{|u_{p-} - u_p|}{|u_p|}\right\} \times 100\% \tag{3.10}$$

由图 3.6 可知，在 d 较小的情况下，由发送电流激发的一次场磁力线密集分布于发射线圈附近，而在 d 较大的情况下密集分布于发射线圈轴心。为了提升弱耦合结构的稳定度 α，应避免将接收线圈布置在一次场磁力线分布密集的区域，所以 r_1 的取值应随 d 的减小而降低。仍然使用导电环响应模型，通过改变接收线圈的位置模拟线圈的结构误差，并通过计算对应的 α 定量分析参数 d 对跨环消耦结构一次场屏蔽稳定性的影响。其中，通过在 z 方向调整接收线圈的位置，测试设备的纵向稳定系数 α_V；通过沿发射线圈径向调整接收线圈的位置，测试设备的横向稳定系数 α_H。

1. 纵向稳定性

固定 $r_1 = 0.3\,\mathrm{m}$，当内接收线圈 $\mathrm{Rx_1}$ 的零耦合位置为 $z = +150\,\mathrm{mm}$ 时，跨环消耦结构内接收线圈的纵向稳定性测试结果如图 3.11 所示。其中，实线表示 $d = +150\,\mathrm{mm}$ 时线

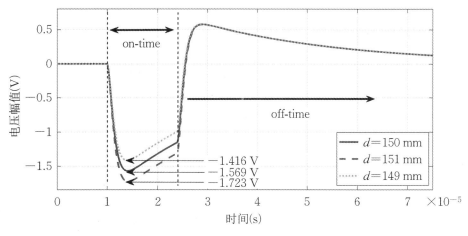

图 3.11　跨环消耦结构的纵向灵敏度对比

圈的输出电压波形,关断期间(on-time)的电压峰值 $u_p = -1.569$ V。当 $d = +151$ mm 以及 $d = +149$ mm 时,对应的输出电压波形如虚线以及点线所示,此时电压峰值 $u_{p+} = -1.723$ V,$u_{p-} = -1.416$ V。由式(3.10)可知本例中 $\alpha_V = 90.19\%$,即当 Rx_1 在 z 轴方向偏移 1 mm 时,输出电压峰值较标准值偏移了 9.81%。

同理,在内接收线圈的零耦合位置 $z = +150$ mm 平面情况下,当位于 $z = 0$ 平面的外接收线圈在 z 轴方向偏移 1 mm 时,$\alpha_V = 98.42\%$。

跨环消耦结构内接收线圈和外接收线圈的纵向稳定性随 d 的变化分别如表 3.1 和表 3.2 所示。由表可知,内接收线圈的 α 随 d 的增大而降低,而外接收线圈的 α 基本稳定在 98.4%,因此,选取较小的 d 值可以增强内接收线圈的纵向稳定性,应将内接收线圈置于 $z = 0$ 平面以获得最佳纵向解耦合稳定系数。

表 3.1　内接收线圈的纵向稳定性对比

d (mm)	0	50	100	150	200
α_V	99.86%	96.26%	92.71%	90.19%	87.94%

表 3.2　外接收线圈的纵向稳定性对比

d(mm)	0	50	100	150	200
α_V	98.51%	98.6%	98.37%	98.42%	98.6%

2. 横向稳定性

仍以内接收线圈的零耦合位置为 $z = +150$ mm 平面为例,当内接收线圈与发射线圈同轴时,电压峰值 $u_p = -1.569$ V。当其内接收线圈的轴线偏移发射线圈的轴距 5 mm 时,$u_{p+} = -1.567$ V,内接收线圈的横向稳定度 $\alpha_H = 99.81\%$;当其外接收线圈的轴线偏移发射线圈的轴距 5 mm 时,$u_{p+} = -1.873$ V,外接收线圈的横向稳定度 $\alpha_H = 80.66\%$。

跨环消耦结构内接收线圈和外接收线圈的横向稳定系数随 d 的变化分别如表 3.3 和表 3.4 所示。可知内接收线圈的 α 随 d 增加而略微增大,因此选取较大的 d 值可以增强内接收线圈的横向稳定性。而外接收线圈由于距发射线圈较近,其横向稳定度 α 基本稳定在 81%,综合表 3.1～表 3.4 的结果可知,将内接收线圈置于 $z = 0$ 平面可获得最好的解耦合稳定性,此时 $d = 0$ m。

表 3.3　内接收线圈的横向稳定性对比

d(mm)	0	50	100	150	200
α_H	99.56%	99.57%	99.67%	99.81%	99.95%

表 3.4　外接收线圈的横向稳定性对比

d(mm)	0	50	100	150	200
α_H	81.81%	80.4%	80.65%	80.66%	80.46%

综合输出灵敏度和解耦合稳定性的优化结果,优选的跨环消耦结构的参数方案为:发射线圈半径 $r_T=0.6$ m,匝数 $N_T=10$,在额定发送电流 70 A 情况下发送磁矩 $m=791$ A·m²。内接收线圈半径 $r_1=0.3$ m,匝数 $N_1=45$,内接收线圈距发射线圈平面的垂直高度 $d=0$ m,外接收线圈的内径 $r_2=0.65$ m,外径 $r_3=0.7$ m,匝数 $N_2=33$,接收线圈有效面积为 19.62 m²。

3.3.3　基于信号稳定性的线圈间距设计

将磁通极性相反的子线圈串联组合是弱磁耦合设计的常用策略,例如,跨环消耦结构以及差分结构的接收线圈分别由两个子线圈串联和反向串联而成,反磁通结构和补偿环结构的发射线圈可视为两个子线圈的反向串联。对于小回线装置,串联式结构增加了有限空间内线圈数量,缩小了线圈的间距。考虑到发射线圈所处平面外部的磁感应强度弱于相同距离下线圈内部的磁感应强度,为了控制跨环消耦装置的体积,往往需要将外接收线圈的内径 r_2 尽量靠近发射线圈以增强外接收线圈的一次场磁通密度。然而,实践中观测到这种串联式线圈在近距离走线的情况下可能将非周期信号以衰减振荡的形式输出,如图 3.12 所示,即使端口阻尼电阻处于式(2.70)确定的过阻尼区间。因此,有必要对这种串联式双接收线圈结构实施建模分析以确定 r_1 与 r_T 以及 r_2 与 r_T 的间隔,从而

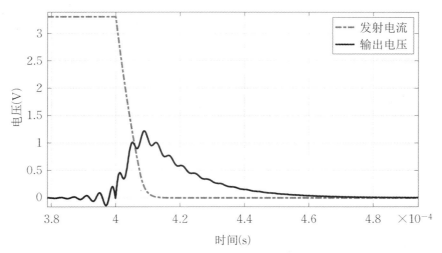

图 3.12　输出信号的衰减振荡现象

避免二次场响应波形的振荡现象。

若将由参数完全一致的子线圈组成的串联式接收线圈任意分为两部分,则它们的参数满足 $\frac{R_1}{R_2} \approx \frac{L_1}{L_2} \approx \frac{C_2}{C_1}$,其中,$R_1$,$R_2$,$L_1$,$L_2$,$C_1$ 和 C_2 分别代表两部分线圈的内阻、电感和分布电容。不妨将满足这种条件的线圈称为对称式结构。显然,均匀密绕的集中式线圈也可等效为对称式结构。非对称式串联线圈的输出振荡现象常发生在子线圈之间存在较长的近距离走线的情况下,或是线圈附近存在接地良导体的情况下,因此,推测这种输出振荡的现象与子线圈之间的分布电容相关。

为了验证这一猜想,建立如图 3.13 所示的等效电路模型,它由非对称的两个子线圈串联而成,两子线圈的内阻和电感串联在同一支路,两子线圈的等效集总电容串联于另一支路,两支路与总端口的阻尼电阻呈并联状态,不妨将图 3.13 所示的等效电路模型称为单阻尼"日"字形等效电路模型。设子线圈 1 的参数为 $R_1 = 8\ \Omega$,$L_1 = 60\ \text{mH}$,$C_1 = 0.5\ \mu\text{F}$;子线圈 2 的参数分别为 $R_2 = 32\ \Omega$,$L_2 = 960\ \text{mH}$,$C_2 = 2\ \mu\text{F}$,阻尼电阻 $R_b = 1.02\ \text{k}\Omega$。$R_b$ 的取值使得等效电路处于过阻尼状态,其单位零输入响应并不存在振荡,如图 3.14 实线所示。

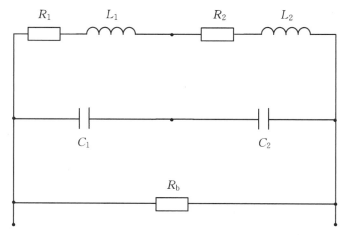

图 3.13　单阻尼"日"字形等效电路模型

建立如图 3.15 所示的单阻尼"四"字形等效电路模型,其特点是两子线圈的等效集总电容分别并联在各自的引出头,保持两子线圈的参数与单阻尼"日"字形等效电路模型的相同,且阻尼电阻仍为 $R_b = 1.02\ \text{k}\Omega$。这种情况下,单位零输入响应出现衰减振荡,如图 3.14 点线所示。这种现象常发生在子线圈之间存在较长的近距离走线,或是线圈附近存在接地良导体,或是杂乱绕制的多匝集中式线圈的情况下。

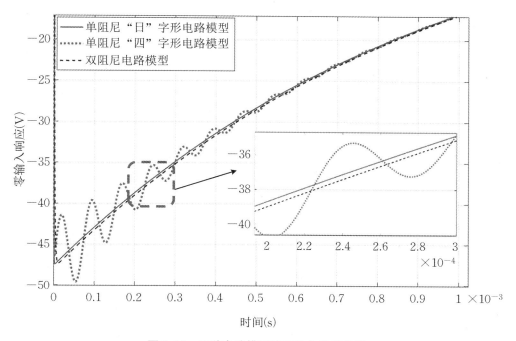

图 3.14　四种电路模型的零输入响应曲线

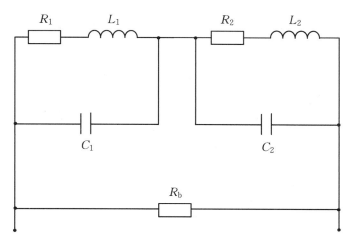

图 3.15　单阻尼"四"字形电路模型

为了消除非对称式串联线圈的输出振荡现象,推荐的解决方案是在各子线圈端口分别并联阻尼电阻,且各子阻尼的比值与各电感系数的比值保持一致,即 $\dfrac{R_{z1}}{R_{z2}} \approx \dfrac{L_1}{L_2}$。建立如图 3.16 所示的双阻尼等效电路模型,其特点是两线圈的集总电容分别并联在各自阻尼电阻两端,保持两子线圈的参数与单阻尼"四"字形等效电路模型的相同,此时子阻尼电阻 $R_{z1} = 60\ \Omega$,$R_{z2} = 960\ \Omega$,总端口电阻取 $R_b = 100\ \text{k}\Omega$。这种情况下,单位零输入响应的衰减振荡消失,如图 3.14 虚线所示。

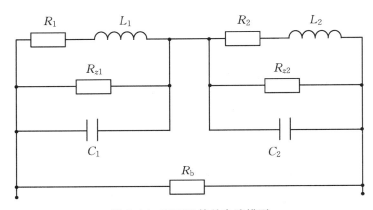

图 3.16　双阻尼等效电路模型

由图 3.14 可知,与单阻尼"日"字形电路模型相比,单阻尼"四"字形电路模型可以模拟线圈的串联振荡现象。对组成串联结构的线圈各自并联临界阻尼电阻是一种消除输出波形振荡现象的有效方案。

接下来通过建立串联式接收线圈的响应模型,分析双阻尼电路模型对串联振荡现象的消除原理。

以二次场感应电动势为系统输入、串联总端口电压为输出的单阻尼"四"字形电路系统模型如图 3.17 所示。若将二次场涡流记为 $i(t)$,涡流源与两个子线圈的耦合系数分别记为 M_1 和 M_2,则串联式接收线圈系统的输入量 $\varepsilon(t)$ 可通过等式(3.11)求解。

$$\varepsilon(t) = \varepsilon_1(t) + \varepsilon_2(t) = -(M_1 + M_2)\frac{\mathrm{d}i(t)}{\mathrm{d}t} \tag{3.11}$$

以 $\dfrac{\mathrm{d}i(t)}{\mathrm{d}t}$ 为系统输入,$u(t)$ 为系统输出,图 3.17 所示线圈系统的传递函数为

$$H_1(s) = -\frac{f_1 s^2 + g_1 s + h_1}{a_1 s^4 + b_1 s^3 + c_1 s^2 + d_1 s + e_1} \tag{3.12}$$

其中

$$a_1 = L_1 L_2 C_1 C_2 R_b$$
$$b_1 = L_1 C_1 C_2 R_2 R_b + L_2 C_1 C_2 R_1 R_b + L_1 L_2 C_1 + L_1 L_2 C_2$$

$$c_1 = L_1C_1R_2 + L_1C_2R_2 + L_2C_1R_1 + L_2C_2R_1 + C_1C_2R_1R_2R_b + L_1C_1R_b + L_2C_2R_b$$

$$d_1 = L_1 + L_2 + C_1R_1R_2 + C_2R_1R_2 + C_1R_1R_b + C_2R_2R_b$$

$$e_1 = R_1 + R_2 + R_b$$

$$f_1 = L_2C_2R_bM_1 + L_1C_1R_bM_2$$

$$g_1 = C_2R_2R_bM_1 + C_1R_1R_bM_2$$

$$h_1 = R_b(M_1 + M_2)$$

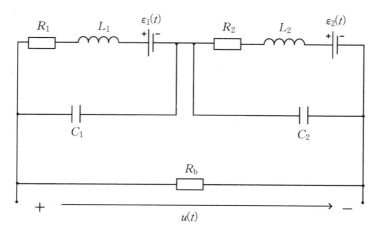

图 3.17　单阻尼"四"字形电路的系统模型

根据系统输出与零极点的关系[78]，若系统的所有极点位于实轴上，系统为过阻尼系统，单位阶跃响应为非周期过程，当系统存在共轭复数极点时，单位阶跃响应为阻尼振荡过程。将预设参数下的单阻尼"四"字形电路模型的零极点图绘于图 3.18，由于存在共轭复数极点，其响应信号必然存在如图 3.14 点线所示的阻尼振荡。

同理，基于双阻尼电路的响应系统模型如图 3.19 所示，以 $\dfrac{\mathrm{d}i(t)}{\mathrm{d}t}$ 为系统输入，$u(t)$ 为系统输出的传递函数为

$$H_2(s) = -\frac{f_2 s^2 + g_2 s + h_2}{a_2 s^4 + b_2 s^3 + c_2 s^2 + d_2 s + e_2} \tag{3.13}$$

其中

$$a_2 = L_1L_2C_1C_2R_{z1}R_{z2}R_b$$

$$b_2 = L_1L_2C_1R_{z1}R_{z2} + L_1L_2C_2R_{z1}R_{z2} + L_1L_2C_1R_{z1}R_b + L_1L_2C_2R_{z2}R_b$$
$$\quad + L_1C_1R_2R_{z1}R_{z2}R_b + L_2C_1R_1R_{z1}R_{z2}R_b$$

$$c_2 = L_1C_1R_{z1}R_{z2}R_b + L_2C_2R_{z1}R_{z2}R_b + L_1C_2R_{z1} + L_1C_2R_{z2} + L_1C_2R_2R_{z1}R_{z2}$$
$$\quad + L_2C_1R_1R_{z1}R_{z2} + L_1C_2R_2R_{z2}R_b + L_2C_1R_1R_{z1}R_b + L_1L_2R_b + L_1C_1R_{z1}R_{z2}R_2$$
$$\quad + L_2C_2R_{z1}R_{z2}R_1 + L_1C_1R_{z1}R_bR_2 + L_2C_2R_bR_{z2}R_1 + C_1C_2R_1R_2R_{z1}R_{z2}R_b$$

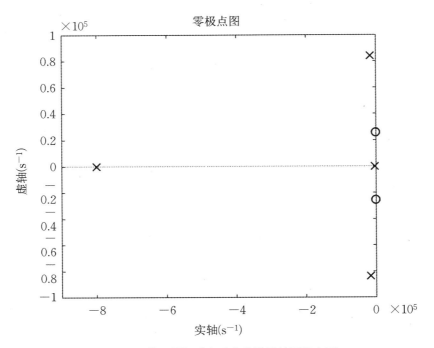

图 3.18　单阻尼"四"字形电路模型的零极点图

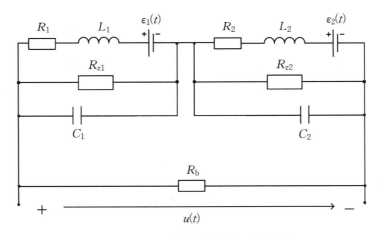

图 3.19　双阻尼等效电路的系统模型

$$d_2 = L_2R_{z1}R_{z2} + L_1R_{z1}R_{z2} + L_2R_{z1}R_b + L_1R_2R_b + C_2R_2\,R_{z1}R_{z2}R_b$$
$$+ C_1R_1\,R_{z1}R_{z2}R_b + L_1R_2R_{z1} + L_2R_1R_{z2} + L_1R_2R_{z2} + L_2R_1R_{z1} + L_1R_2R_b$$
$$+ L_2R_1R_b + C_2R_1R_2R_{z1}R_{z2} + C_1R_1R_2R_{z1}R_{z2} + C_2R_1R_2R_{z2}R_b + C_1R_1R_2R_{z1}R_b$$

$$e_2 = R_2R_{z1}R_b + R_1R_{z2}R_b + R_{z1}R_{z2}R_b + R_2R_{z1}R_{z2} + R_1R_{z1}R_{z2} + R_1R_2R_{z1}$$
$$+ R_1R_2R_{z2} + R_1R_2R_b$$

$$f_2 = L_2C_2\,R_{z1}R_{z2}R_bM_1 + L_1C_1\,R_{z1}R_{z2}R_bM_2$$

$$g_2 = (C_2\,R_2R_{z1}R_{z2}R_b + L_2R_{z1}R_b)M_1 + (C_1\,R_1R_{z1}R_{z2}R_b + L_1R_{z2}R_b)M_2$$

$$h_2 = (R_2R_{z1}R_b + R_{z1}R_{z2}R_b)M_1 + (R_1R_{z2}R_b + R_{z1}R_{z2}R_b)M_2$$

在 $R_{z1}=60\ \Omega,R_{z2}=960\ \Omega,R_b=100\ k\Omega$ 情况下,图 3.19 所示的双阻尼电路模型的零极点图绘于图 3.20,可见其所有极点被移至负实轴上,系统成为过阻尼系统,从而避免了输出振荡现象的发生。

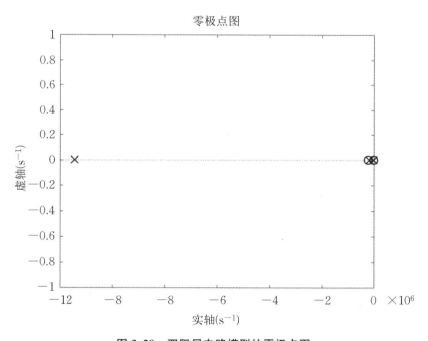

图 3.20　双阻尼电路模型的零极点图

进一步地,在 $R_1=R_2=8\ \Omega,L_1=L_2=60\ mH,C_1=C_2=0.5\ \mu F,R_b=3\ k\Omega$ 情况下,位于虚轴的共轭极点与零点相消,如图 3.21 所示,从而单阻尼"四"字形电路模型也不会存在振荡现象。串联接收线圈的输出波形呈现振荡的原因来自组成线圈系统的子线圈参数的不对称,若组成串联系统的子接收线圈参数满足 $\dfrac{R_1}{R_2}\approx\dfrac{L_1}{L_2}\approx\dfrac{C_2}{C_1}$,串联系统的输出波形同样不存在振荡。在多个相同规格的子线圈串联的情况下,任一部分较剩余部分的参数

满足 $\dfrac{R_1}{R_2} \approx \dfrac{L_1}{L_2} \approx \dfrac{C_2}{C_1}$。总之，对组成串联结构的线圈各自并联临界阻尼电阻是一种消除输出波形振荡现象的有效方案，并且具有普遍适用性。

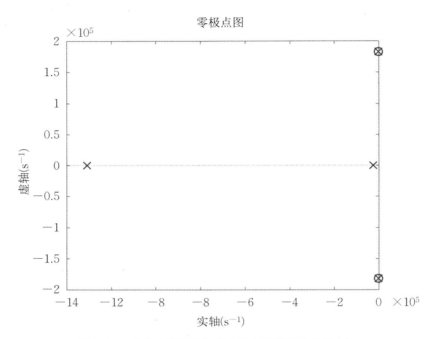

图 3.21　对称式单阻尼"四"字形电路模型的零极点图

　　小结：子线圈参数的不对称是串联接收线圈的输出波形呈现振荡的主要原因。在线圈之间存在较长的近距离走线的情况下，串联后的线圈系统存在一对共轭复数极点。消除这种振荡的方法主要有两种：一种是实现子线圈参数的绝对一致，如图 3.21 所示，但是实际中跨环消耦结构很难做到两个接收线圈参数的完全一致；另一种方法就是为每一个子线圈匹配阻尼电阻，如图 3.19 所示，阻尼电阻的作用是将原共轭复数极点移动到轴线上，因此消除了输出波形的振荡。除了为每个子接收线圈匹配阻尼电阻，实际中还可以通过适度增加 r_1 与 r_T 以及 r_2 与 r_T 的间隔避免线圈之间的近距离走线，因此，建议 r_1 与 r_T 以及 r_2 与 r_T 的间隔不小于 50 mm，以降低由发射、接收线圈寄生电容引起的信号振荡。

3.4　弱磁耦合传感器的性能分析

基于 3.3 节的研究成果,本节将探测目标体的特征信号与均匀半空间背景响应的比值定义为探测灵敏度,通过对比几种弱磁耦合线圈对同一导电立方体的特征信号分析跨环消耦结构在探测灵敏度方面的优势,并进一步基于导电环模型对比分析跨环消耦结构较现有弱磁耦合线圈在一次场屏蔽稳定性方面的优势。

建立如图 3.22 所示的导电半空间模型,将边长 $a=4$ m 的导电立方体置于电阻率为 $\rho_2=100$ Ω·m 的均匀半空间内,立方体中心距地表深 $h=10$ m。当立方体的电阻率 $\rho_1=100$ Ω·m 时,位于立方体上方的集成式发送、接收线圈收集的信号是均匀的半空间响应 $u_b(t)$。当 $\rho_1 \neq 100$ Ω·m 时,线圈收集的信号 $u_c(t)$ 携带了导电立方体的信息。包含异常体的半空间响应较均匀半空间响应的变化量 $u_f(t)=u_c(t)-u_b(t)$ 是瞬变电磁法辨识地下导电异常体的主要依据,将这个由导电异常体引起的均匀半空间响应变化量 u_f 记为特征信号,其幅度主要取决于集成式发送、接收线圈的结构及其与导电立方体的磁耦合强度。

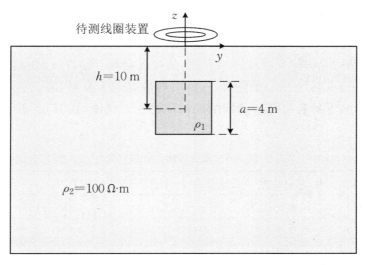

图 3.22　浅层地下异常体探测模型

为了定量分析线圈装置对浅层导电异常体的探测性能,采用 ANSYS Maxwell 3D 电磁场仿真软件在图 3.22 所示模型中计算其仿真数据。ANSYS Maxwell 3D 电磁场仿真软件基于有限元算法求解空间电磁场的分布及其随时间的导数,广泛用于 TEM 正演模拟。对于图 3.22 所示的模型,使用边长 120 m 的立方体模拟均匀半空间环境,边界条件设为 insulating boundary,剖分单元的最大边长设为 3 m。瞬态磁场求解器的时间步长设为 0.2 μs。

3.4.1 探测灵敏度

探测信号较均匀半空间响应的相对差异(即特征信号)是瞬变电磁反演算法辨识地下异常体的依据,虽然特征信号是导电异常体固有特性的表现形式,但是不同线圈装置对同一导电异常体特征信号的输出结果具有差异性。不妨将导电异常体引起的均匀半空间响应的变化率设为探测灵敏度 η,如式(3.14)所示。高探测灵敏度意味着更加显著的特征信号,有益于提升反演算法对异常体的辨识精度。因此,探测灵敏度是评估瞬变电磁线圈性能的重要指标。

本小节基于导电半空间模型研究跨环消耦结构对浅层低电阻率和高电阻率异常体的探测灵敏度,通过与其他弱磁耦合线圈装置,如补偿环结构、差分结构、反磁通结构以及典型的非弱磁耦合线圈——中心回线装置的量化对比,分析跨环消耦结构作为小回线装置在瞬变电磁法浅层勘探领域的优势。

$$\eta = \frac{u_{\rm c} - u_{\rm b}}{u_{\rm b}} = \frac{u_{\rm f}}{u_{\rm b}} \tag{3.14}$$

五种线圈装置的参数如表 3.5 和表 3.6 所示,其中反磁通结构的参数取自文献[39],补偿环结构的参数较文献[45]中使用的参数等比例缩小了 12.5 倍,差分结构使用与跨环消耦结构相同的发射线圈,并且上接收线圈和下接收线圈的参数与反磁通结构的接收线圈一致,图 3.2(a)和图 3.2(b)中参数 d 表示发射和接收线圈之间的垂直距离,中心回线装置具有与跨环消耦结构相同的发射线圈,而其接收线圈与反磁通结构相同。

表 3.5　发射线圈的参数列表

发射线圈	差分结构	反磁通结构	补偿环结构	中心回线	跨环消耦
$I_{\rm T}$(A)	10	10	10	10	10
$r_{\rm T}$(m)	0.6	0.6	0.6	0.6	0.6
$T_{\rm off}$(μs)	14	14	14	14	14
d(m)	0.15	0.15	0	0	0

表 3.6　接收线圈的参数列表

接收线圈	差分结构	反磁通结构	补偿环结构	中心回线	跨环消耦
半径（m）	0.25	0.25	0.044	0.25	$r_1=0.3$ $r_2=0.65$ $r_3=0.7$
电感(mH)	27.6	14.7	740.8	14.7	13.5
接收面积(m^2)	19.625	19.625	19.625	19.625	19.625

　　五种线圈结构的有效接收面积均为 $19.625\ m^2$。将稳态值为 10 A，关断时间为 14 μs 的发射电流 $i_T(t)$ 分别注入每个发射线圈。每种线圈结构对 $\rho_1=1\ \Omega \cdot m$ 导电立方体的特征信号 $u_f(t)$ 如图 3.23(a) 所示，而对应于 $\rho_1=10\ k\Omega \cdot m$ 的特征信号如图 3.23(b) 所示。其中，反磁通结构的特征信号被标记为点划线，差分结构的特征信号被标记为点线，跨环消耦结构的特征信号被标记为实线，补偿环结构的特征信号被标记为加粗虚线，中心回线装置的特征信号被标记为黑色虚线。如图 3.23(a) 所示，跨环消耦结构和中心回线装置的特征信号的峰值为 118 μV，反磁通结构的峰值下降到 31 μV，补偿环结构的峰值低至 20 μV，差分结构的峰值仅为 19 μV。与图 3.23(a) 中同一线圈装置的特征信号相比，图 3.23(b) 的特征信号峰值降为较小的负值，峰值时刻从 2.4 μs 提前到 2 μs，但补偿环结构除外。

　　特征信号是导电异常体固有特性的表现形式，但是不同线圈结构对同一导电异常体特征信号的输出结果具有差异性。其中，幅值的差异源自设备与导电异常体的磁耦合强度，相位的差异源自接收线圈的频带宽度。由图 3.23 可知，反磁通结构和差分结构对相同的导电异常体的特征信号峰值远低于跨环消耦结构，这是由于反向绕制的线圈降低了线圈设备与探测目标的磁耦合强度，因此，反磁通结构和差分结构对导电立方体的磁耦合强度明显弱于跨环消耦结构和中心回线装置。另一方面，宽频带接收线圈的过渡过程现象较弱，从而有助于降低输出信号的幅值损失和相位延迟。基于图 3.23 所示特征信号的峰值参数，可以将上述线圈装置依据接收线圈频带宽度降序排列为跨环消耦结构、中心回线装置与反磁通结构、差分结构和补偿环结构。排序末位的补偿环结构的特征信号在过渡过程影响下严重畸变，这是由于补偿环限制了接收线圈的尺寸，必须通过增加匝数获得足够的有效接收面积，考虑到线圈的频带宽度随匝数的增加迅速减小，因此，补偿环结构不适合作为小回线装置[39]。

　　四种线圈装置对 $\rho_1=1\ \Omega \cdot m$ 和 $\rho_1=10\ k\Omega \cdot m$ 的导电立方体的探测灵敏度 $\eta(t)=u_f(t)/u_b(t)$ 分别展示于图 3.24(a) 和图 3.24(b)。考虑到补偿环结构不适合作为小回线装置，图 3.24 未将该装置的探测灵敏度纳入对比。由图 3.24 可知，相同线圈设备对高电阻异常体的探测灵敏度远低于对低电阻异常体的探测灵敏度。相比于中心回线装置

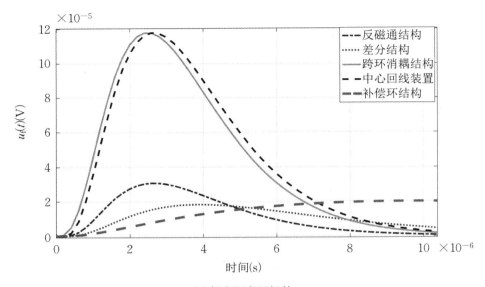

(a) 低电阻率目标体

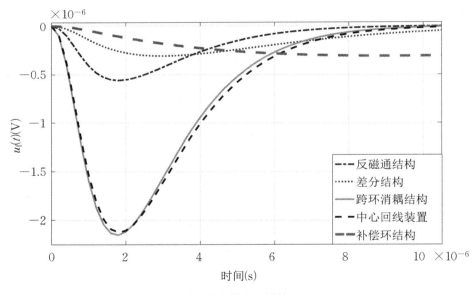

(b) 高电阻率目标体

图 3.23　不同线圈装置的特征信号

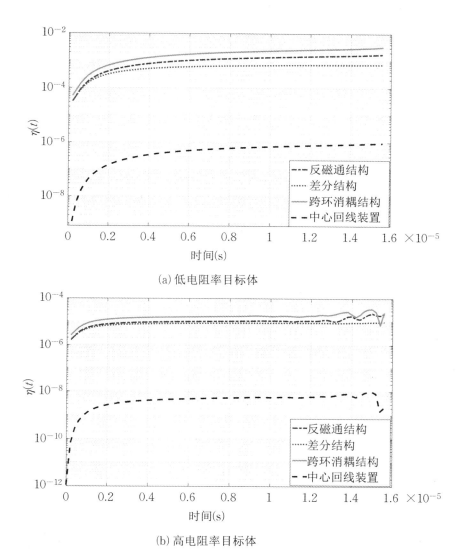

(a) 低电阻率目标体

(b) 高电阻率目标体

图 3.24　不同线圈装置的探测灵敏度 $\eta(t)$ 对比

和其他两种弱磁耦合线圈,跨环消耦结构在探测灵敏度方面具有明显优势。

虽然中心回线装置拥有与跨环消耦结构几乎相同的特征信号 u_f,但是前者的探测灵敏度远低于后者,这是因为中心回线的一次场响应扩大了探测信号 u_b 的幅值,其对 $100\ \Omega \cdot m$ 半空间响应信号的幅值是跨环消耦装置的数千倍,导致中心回线装置的探测灵敏度急剧降低。因此,尽管它们具有相同的特征信号,跨环消耦结构的探测灵敏度远高于中心回线装置。

通过将图 3.22 中立方体的电阻率置为 $\rho_1 = 100\ \Omega \cdot m$,可以对比分析差分结构、反磁通结构和跨环消耦结构在导电均匀半空间环境的探测深度,由于补偿环结构不适合作为小回线装置,故此处未将其纳入评估。

根据烟圈扩散理论,瞬变电磁设备的探测深度 $\delta_{TD} = \sqrt{2\rho t / \mu_0}$,它正比于二次场响应进入电磁噪声时的时刻。设电磁噪声为 $1\ nV/m^2$,三个弱磁耦合线圈设计对 $100\ \Omega \cdot m$ 半空间响应 $\varepsilon(t)$ 如图 3.25 所示。图 3.25 绘制了以发射电流 $i_T(t)$ 完全关断的时刻为起点,采样间隔为 $0.2\ \mu s$ 条件下各线圈装置在 $0 \sim 100\ \mu s$ 期间的响应信号。其中点划线表示反磁通结构的输出信号,点线表示差分结构的输出信号,实线表示跨环消耦结构的输出信号,黑色虚线表示噪声阈值。由于三种弱磁耦合线圈装置具有几乎相同的有效接收面积 $19.625\ m^2$,在预设噪声水平下,幅度小于 $19.625\ nV$ 的信号将被环境电磁噪声淹没。

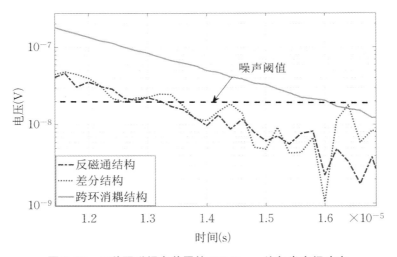

图 3.25　三种弱磁耦合装置的 $100\ \Omega \cdot m$ 均匀半空间响应

上述三种弱磁耦合线圈设计对 $\rho = 100\ \Omega \cdot m$ 半空间的探测深度如表 3.7 所示。从表 3.7 可以看出,跨环消耦结构的探测深度最大。这是由于差分结构对一次场的屏蔽依赖于差分采集方式,反磁通结构依赖反向发送电流以抵消通过接收线圈的一次场,两种方案都显著降低了装置与地下导电体的耦合强度,弱化的二次场响应加速了探测信号被环境电磁噪声淹没。因此,对于埋藏较深的探测目标,采用跨环消耦结构可以获得更好的探测效果。

表 3.7　三种弱磁耦合装置的探测深度

	差分结构	反磁通结构	跨环消耦
δ_{TD}(m)	45.8	45.4	50.5

总之,作为典型的非弱磁耦合线圈装置,中心回线装置对浅层导电异常体的探测能力远低于弱磁耦合线圈装置。在三种弱磁耦合线圈设计中,跨环消耦结构在探测灵敏度和探测深度方面优势显著。

3.4.2　一次场屏蔽稳定性

弱磁耦合式瞬变电磁线圈除了具备对二次场的探测灵敏度,还应具备对一次场良好且稳定的屏蔽效果,这需要降低发射、接收线圈的互感对相对位移的敏感程度,故应避免将接收线圈布置在一次场磁力线分布密集的区域。基于导电环标定模型,本小节将对比差分结构、反磁通结构、补偿环结构、偏心结构和跨环消耦结构五种弱磁耦合装置的解耦合稳定系数。

建立导电环标定模型,将小回线装置底层线圈所处的平面设为 $z=0$ 平面,将半径为 1 m 的导电环同轴置于发射线圈下方 1 m 处,导电环时间常数约为 29 μs。统一五种线圈装置的发送电流幅值为 10 A,关断时间为 14 μs,并统一五种弱磁耦合线圈的发送磁矩和有效接收面积,具体参数如表 3.8 所示。根据式(3.10),解耦合稳定系数 α 反映了弱磁耦合线圈对一次场的屏蔽稳定性,α 越大表示线圈的相对位移对一次场的屏蔽效果影响越小,弱耦合结构越稳定。通过改变接收线圈的位置模拟线圈的相对位移,对比分析五种弱磁耦合线圈对相同结构位移的解耦合稳定系数。其中,通过沿 z 方向调整接收线圈的位置评估线圈纵向稳定系数 α_V,通过沿发射线圈径向调整接收线圈的位置评估线圈横向稳定系数 α_H。

表 3.8　弱磁耦合线圈的参数

参数	差分结构	反磁通结构	补偿环结构	偏心结构	跨环消耦
I_T(A)	10	10	10	10	10
r_T(m)	0.6	0.6	0.6	0.6	0.6
T_{off}(μs)	14	14	14	14	14
d(m)	0.15	0.15	0	0.15	0
接收线圈 r (m)	0.25	0.25	0.25	0.25	内接收:0.3 外接收:0.65、0.7

差分结构的横向稳定性：当两个接收线圈与发射线圈同轴时，电压峰值 $u_p =$ -0.491 V，当底部接收线圈与发射线圈的轴距偏移 5 mm 时，输出电压峰值 $u_{p+} =$ -0.494 V，稳定系数 $\alpha = 99.35\%$。当顶部接收线圈与发射线圈的轴距偏移 5 mm 时，输出电压峰值 $u_{p+} = -0.488$ V，稳定系数 $\alpha = 99.34\%$。纵向稳定性：当底部接收线圈在 z 轴方向偏移 $+1$ mm 时，电压峰值 $u_{p+} = -0.682$ V，$\alpha = 61.12\%$；当底部接收线圈在 z 轴方向偏移 -1 mm 时，电压峰值 $u_{p-} = -0.305$ V，$\alpha = 62.13\%$。当顶部接收线圈在 z 轴方向偏移 $+1$ mm 时，电压峰值 $u_{p+} = -0.686$ V，$\alpha = 60.27\%$；当顶部接收线圈在 z 轴方向偏移 -1 mm 时，电压峰值 $u_{p-} = -0.303$ V，$\alpha = 61.61\%$。因此，差分结构的横向稳定系数 $\alpha_H = 99.34\%$，纵向稳定系数 $\alpha_V = 60.27\%$。

反磁通结构的横向稳定性：当接收线圈与发射线圈同轴时，电压峰值 $u_p = -0.54$ V，当接收线圈与发射线圈的轴距偏移 5 mm 时，输出电压峰值 $u_{p+} = -0.54$ V，稳定系数 $\alpha = 99.99\%$。纵向稳定性：当接收线圈在 z 轴方向偏移 $+1$ mm 时，电压峰值 $u_{p+} = -0.951$ V，$\alpha = 27\%$；当接收线圈在 z 轴方向偏移 -1 mm 时，电压峰值 $u_{p-} = -0.164$ V，$\alpha = 29.75\%$。因此，差分结构的横向稳定系数 $\alpha_H = 99.99\%$，纵向稳定系数 $\alpha_V = 27\%$。

补偿环结构的横向稳定性：当接收线圈与发射线圈同轴时，电压峰值 $u_p = -0.961$ V，当接收线圈与发射线圈的轴距偏移 5 mm 时，输出电压峰值 $u_{p+} = -1.568$ V，稳定系数 $\alpha = 36.74\%$。纵向稳定性：当接收线圈在 z 轴方向偏移 $+1$ mm 时，电压峰值 $u_{p+} = -0.912$ V，$\alpha = 94.92\%$；当接收线圈在 z 轴方向偏移 -1 mm 时，电压峰值 $u_{p-} = -0.915$ V，$\alpha = 95.22\%$。因此，差分结构的横向稳定系数 $\alpha_H = 36.74\%$，纵向稳定系数 $\alpha_V = 94.92\%$。

偏心结构的横向稳定性：当接收线圈位于 $z = +150$ mm 平面时，其轴线与发射线圈轴距的零耦合距离为 722.66 mm，电压峰值 $u_p = -1.067$ V，当接收线圈沿发射线圈径向外移 5 mm 时，输出电压峰值 $u_{p+} = -2.706$ V，稳定系数 $\alpha = 53.58\%$，当接收线圈沿发射线圈径向内移 5 mm 时，输出电压峰值 $u_{p-} = -0.605$ V，稳定系数 $\alpha = 56.72\%$。纵向稳定性：当接收线圈在 z 轴方向偏移 $+1$ mm 时，电压峰值 $u_{p+} = -0.917$ V，$\alpha = 85.92\%$；当接收线圈在 z 轴方向偏移 -1 mm 时，电压峰值 $u_{p-} = -1.219$ V，$\alpha = 85.73\%$。因此，偏心结构的横向稳定系数 $\alpha_H = 53.58\%$，纵向稳定系数 $\alpha_V = 85.73\%$。

五种弱磁耦合线圈结构的稳定系数对比示于图 3.26，由图可知，反磁通结构的纵向稳定性最差，而跨环消耦结构的纵向稳定性最好，因此，反磁通结构在设计与安装过程中的主要挑战在于缩小 z 方向的位移扰动。由图 3.26 可知，反磁通结构的横向稳定性最好，而补偿环结构的横向稳定性最差，这是由于补偿环结构中接收线圈位于抵消环产生了一次场磁通密集区域，这也是跨环消耦结构的外接收线圈横向稳定系数低于内接收线圈的原因。总之，跨环消耦结构的综合稳定性在五种弱耦合装置中表现最佳。

本小节使用半空间模型从二次场响应中提取出携带探测目标体信息的特征信号，对比分析了由限幅削波导致的特征信号缺失对浅层探测结果的影响；将特征信号在接收线圈输出信号的占比定义为探测灵敏度,并基于半空间模型对比分析了跨环消耦结构较传统中心回线装置和现有弱磁耦合线圈关于探测灵敏度方面的性能优势;基于导电环模型对比展示了跨环消耦结构较现有弱磁耦合线圈在一次场屏蔽稳定性方面的性能优势。

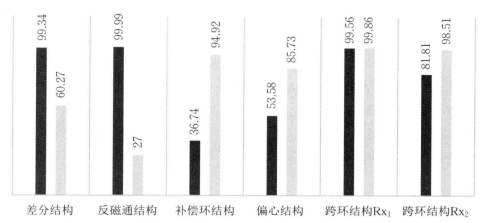

图 3.26 五种弱磁耦合线圈结构的稳定系数对比

第4章 小回线瞬变电磁传感器的标定技术

本章对标定误差与瞬变电磁探测精度的影响实施定量分析以展示现场标定的必要性;针对小回线装置现场标定方案的缺失,通过建立不需求解感应电动势的无源标定方案摆脱标定过程对均匀磁场的依赖,并通过新的信号处理算法解除误差评估对基准感应电动势的依赖,进而阐述如何在非均匀磁场环境下实施标定精度分析。

4.1 感应式传感器的过渡过程问题

瞬变电磁接收线圈对磁场的测量可分为两步:将动态磁场转换为线圈的感应电动势以及将感应电动势输出为线圈的端口电压。第一个转换是无损的,其结果是线圈磁链对时间的微分,而第二个转换受限于线圈的频带宽度,线圈端口电压不能准确跟随突变的感应电动势,使得接收的早期信号发生畸变,把这种现象称作线圈的过渡过程。

线圈的自感现象和分布电容是引发过渡过程的根本原因。不少学者尝试通过优化设计接收线圈的尺寸与结构以降低过渡过程对感应电动势的影响,这是一种保守的策略,对于接收线圈匝数较多的小回线装置,其过渡过程对信号的影响难以忽略。为了通过线圈的输出信号准确测量待测磁场,必须建立线圈感应电动势和输出信号的映射,把这个过程称为线圈传感器的标定,其结果称为标定文件。

4.2 标 定 文 件

包含前置运算放大器的接收线圈等效电路如图 4.1 所示[48,53],它可以分为两部分:

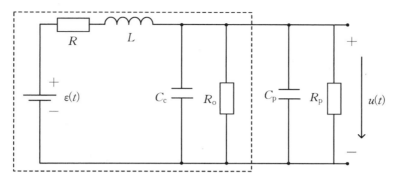

图 4.1　信号采集系统的等效电路图

线圈的等效电路(虚线框内)和前置运算放大器的等效端口参数。$\varepsilon(t)$表示线圈的感应电动势(EMF),L 为线圈的电感,R 为线圈的内阻,C_c 为线圈的分布电容,R_o 为并联在线圈两端的阻尼电阻,C_p 和 R_p 分别为前置运算放大器的端口等效电容与电阻,$u(t)$为线圈的输出信号。设 L 和 C 无初始储能,$\varepsilon(t)$和 $u(t)$通过传递函数建立映射关系:

$$H(s) = \frac{U(s)}{\varepsilon(s)} = \frac{1}{s^2 LC + s\left(\dfrac{L}{R_b} + RC\right) + \dfrac{R + R_b}{R_b}} \tag{4.1}$$

其中,$R_b = R_o R_p / (R_o + R_p)$,$C = C_c + C_p$。$H(s)$的时域表达式即为接收线圈的单位冲击响应 $h(t)$:

$$h(t) = \frac{1}{LC\sqrt{a^2 - 4b}} \left(e^{-\frac{a - \sqrt{a^2 - 4b}}{2}t} - e^{-\frac{a + \sqrt{a^2 - 4b}}{2}t} \right)$$

$$= \frac{1}{LC\sqrt{a^2 - 4b}} \left(e^{-t/\tau_1} - e^{-t/\tau_2} \right) \tag{4.2}$$

其中,$\tau_1 = \dfrac{2}{a - \sqrt{a^2 - 4b}}$,$\tau_2 = \dfrac{2}{a + \sqrt{a^2 - 4b}}$,$a = \dfrac{1}{R_b C} + \dfrac{R}{L}$,$b = \dfrac{R + R_b}{LCR_b}$。

在等效电路无初始储能情况下,接收线圈的输出信号 $u(t)$取决于 $\varepsilon(t)$与 $h(t)$的卷积运算:

$$u(t) = \varepsilon(t) * h(t) = \int_{-\infty}^{+\infty} \varepsilon(x) h(t - x) \mathrm{d}x \tag{4.3}$$

通常利用卷积定理(convolution theorem)实现 $\varepsilon(t)$和 $u(t)$的相互转换:

$$\mathscr{L}\left[f(t) * g(t) \right] = F(s)G(s) \tag{4.4}$$

该式建立了时域卷积运算与频域乘积的对应关系。其中,拉普拉斯变换及其逆变换的表达式分别为

$$F(s) = \mathscr{L}\left[f(t) \right] = \int_0^{+\infty} f(t) e^{-st} \mathrm{d}t \tag{4.5}$$

$$f(t) = \mathcal{L}^{-1}\left[F(s)\right] = \int_{\sigma-i\infty}^{\sigma+i\infty} F(s)e^{st}\,\mathrm{d}s \tag{4.6}$$

标定文件是线圈传递函数的近似,对于瞬变电磁接收系统,消除过渡过程就是通过反卷积运算用 $u(t)$ 和传递函数 $H(s)$ 还原感应电动势 $\varepsilon(t)$:

$$\varepsilon(t) = \mathcal{L}^{-1}\left(\varepsilon(s)\right) = \mathcal{L}^{-1}\left(\frac{\mathcal{L}(u(t))}{H(s)}\right) \tag{4.7}$$

4.3　浅层勘探的标定精度需求

本节定量分析标定文件的可靠性对瞬变电磁法探测精度的影响,从而确定瞬变电磁法对标定文件的精度要求。

用于消除接收线圈过渡过程的标定文件并非永久有效,受现场环境以及材料老化程度的影响,标定文件的参数可能偏离初始标定结果。H. M. Wang[49]以电力工业测量领域的 Rogowski 线圈为例,指出当环境温度变化时,热膨胀可以改变线圈的横截面积,进而改变了线圈的参数。例如,对于半径为 0.11 m 的 500 匝空心线圈,当线圈沿径向扩大 0.2 mm 后,由 ANSYS Maxwell 3D 仿真软件求解的自感系数从 88.353 mH 升为 88.585 mH,变化率达到 0.26%。在隧道探测与矿产勘探应用领域,空心线圈装置的电感参数受环境介质的相对磁导率影响明显。以电力系统接地网故障诊断场地为例[37],接地网引上线对接收线圈电感值的影响显著。如图 4.2 所示,针对网格边长为 5 m 的钢质接地网,使用 Ansoft Maxwell 软件仿真结果表明:当引下线与线圈中心之间的距离为 1.0 m 时,使用

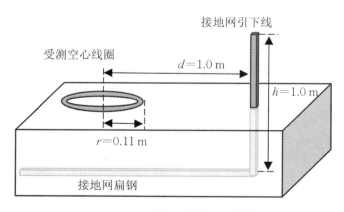

图 4.2　ANSYS 仿真模型示意图

ANSYS Maxwell 3D 软件计算出的空芯线圈电感从均匀半空间情况下的 88.353 mH 上升至 88.457 mH，变化率为 0.12%。

标定文件参数变化对瞬变电磁法探测精度的影响定量分析如下：

当式(4.8)所示的斜阶跃电流注入位于地表的发送线圈之后，由发送电流感生的磁场垂向分量在线圈中心点的值如式(4.9)所示，其中，I_0 表示发送电流的稳态幅值。

$$i_{\mathrm{T}}(t) = \begin{cases} I_0 & (t < 0) \\ 0 & (t \geqslant 0) \end{cases} \tag{4.8}$$

$$B_z = \frac{I_0 \mu}{2a}\left[\frac{3}{\sqrt{\pi}u}e^{-u^2} + \left(1 - \frac{3}{2u^2}\right)\mathrm{erf}(u)\right] \tag{4.9}$$

磁场随时间的导数正比于接收线圈的感应电动势，如式(4.10)所示，其中，ρ 表示导电半空间的电阻率，a 表示发送线圈的半径，参数 $u = \sqrt{a^2\mu/4\rho t}$，$\mu$ 表示磁导率，$\mathrm{erf}(u) = \frac{2}{\sqrt{\pi}}\int_0^u e^{-t^2}\mathrm{d}t$ 是误差函数。

$$v \propto \frac{\partial B_z}{\partial t} = \frac{I_0 \rho}{a^3}\left[3\mathrm{erf}(u) - \frac{2}{\sqrt{\pi}}(3 + 2u^2)ue^{-u^2}\right] \tag{4.10}$$

在均匀半空间电阻率 $\rho = 100\ \Omega \cdot \mathrm{m}$ 情况下，通过式(4.10)求解由单位磁通变化率在接收线圈产生的感应电动势 $v(t)$，并通过线圈的实际传递函数 $H(s)$ 求解其对应的输出电压 $u_{\mathrm{out}}(t)$，如式(4.11)所示。其中，$\mathcal{L}$ 和 $\mathcal{L}^{-1}$ 分别表示拉普拉斯运算及其逆运算。

$$u_{\mathrm{out}}(t) = \mathcal{L}^{-1}(U_{\mathrm{out}}(s)) = \mathcal{L}^{-1}\left(\frac{\mathcal{L}(V(s))}{H(s)}\right) \tag{4.11}$$

另外，基于预设参数偏差的 $H(s)$ 将 $u_{\mathrm{out}}(t)$ 还原为接收线圈的感应电动势 $u_{\mathrm{emf}}(t)$，其与正演结果 $v(t)$ 的误差率记为感应电动势的求解误差 γ：

$$\gamma(t) = \frac{u_{\mathrm{emf}}(t) - v(t)}{v(t)} \times 100\% \tag{4.12}$$

图 4.3 展示了在 $H(s)$ 的预设参数偏差分别为 0.005%、0.01% 和 0.1% 量级情况下的 $\gamma(t)$ 曲线。其中，当 $\zeta(L) = -0.005\%$ 且 $\zeta(C) = +0.005\%$ 时，感应电动势 $u_{\mathrm{emf1}}(t)$ 的求解误差取得最大值 1.654%，如图 4.3 实线所示。当 $\zeta(L) = -0.01\%$ 且 $\zeta(C) = +0.01\%$ 时，感应电动势 $u_{\mathrm{emf2}}(t)$ 的求解误差取得最大值 3.291%，如图 4.3 虚线所示。当 $\zeta(L) = -0.1\%$ 且 $\zeta(C) = +0.1\%$ 时，感应电动势 $u_{\mathrm{emf3}}(t)$ 的求解误差取得最大值 22.82%，如图 4.3 点划线所示。

接下来分析感应电动势的求解误差对均匀半空间视电阻率反演精度的影响，进而确定标定文件应满足的精度要求。

对于 $\rho = 100\ \Omega \cdot \mathrm{m}$ 的均匀半空间正演模型，本节基于对分预估法通过接收线圈的感应电动势求解视电阻率[80-81]。对应于 $v(t)$，$u_{\mathrm{emf1}}(t)$，$u_{\mathrm{emf2}}(t)$ 和 $u_{\mathrm{emf3}}(t)$ 的视电阻率计算结

果分别如图 4.4 实线、虚线、点线和点划线所示，对应的最大误差率分别为 0.03％、0.76％、1.5％ 和 14.9％。

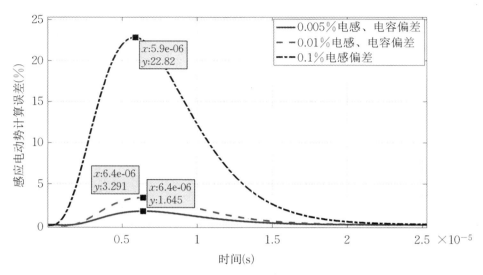

图 4.3 标定误差对感应电动势还原精度的影响

由图 4.4 可知，若需将瞬变电磁法的视电阻率求解误差控制在 1％ 以内，标定文件的参数偏差率应被限制在 0.01％ 以内。

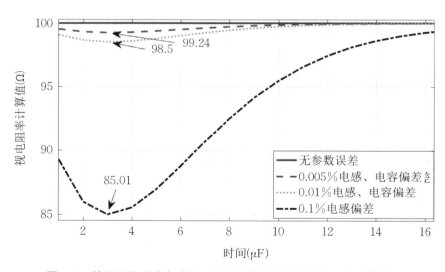

图 4.4 基于正演感应电动势 $v(t)$ 和两种校准值的视电阻率计算结果

由于 0.2 mm 横截面积改变或环境介质的相对磁导率改变引发的线圈参数变化可能高于 0.1％，由此导致视电阻率的计算误差或超出 15％。这种由测试环境引起的参数变化很难在实验室中模拟,需要寻找一种在线标定方法来检测接收线圈参数的变化,并将其偏差修正至 0.01% 以内。

4.4　频率响应标定方案

频率响应测试法是线圈传感器的经典标定方法,它通过在空间建立可控的标定磁场获取线圈感应电动势 $\varepsilon(t)$ 及其输出信号 $u(t)$,并通过拟合实验数据获得待测线圈的标定文件。作为本书所提标定方案的对比对象,本节概述频率响应测试法的标定原理。

由图 4.1 可知,接收线圈的传递函数是个二阶系统,记场源线圈与接收线圈的互感系数为 M_2,以场源线圈电流 i_2 作为输入量、接收线圈测量电压 u 作为输出量的标定系统传递函数 $H_f(s)$ 如式(4.14)所示。

$$\varepsilon(t) = -M_2 \frac{\mathrm{d}i_2}{\mathrm{d}t} \tag{4.13}$$

$$H_f(s) = \frac{U(s)}{I_2(s)} = \frac{-M_2 s}{K_1 s^2 + K_2 s + K_3} \tag{4.14}$$

由式(4.14)可知,以场源线圈与接收线圈互感 M_2 为系数的表达式构成标定系统传递函数的分子部分,其分母部分与接收线圈系统传递函数 $H(s)$ 的分母一致。在已知两线圈互感的情况下,可以通过分离所求得标定系统的传递函数 $H_f(s)$ 获取待求接收线圈的传递函数 $H(s)$。

由于标定系统是线性的,设标定电流表达式为

$$i_2(t) = A_m \sin(\omega t) \tag{4.15}$$

其中,A_m,ω 分别为输入信号的幅度和角速度,则系统输出可表示为

$$
\begin{aligned}
u(t) &= A_f \sin(\omega t + \varphi) \\
&= A_f \sin(\omega t)\cos(\varphi) + A_f \cos(\omega t)\sin(\varphi) \\
&= \begin{bmatrix} \sin(\omega t) & \cos(\omega t) \end{bmatrix} \begin{bmatrix} A_f \cos(\varphi) \\ A_f \sin(\varphi) \end{bmatrix}
\end{aligned} \tag{4.16}
$$

其中,A_f,φ 分别为输出信号的幅度和相位。在时间域上取 $t=0,h,2h,\cdots,nh(n=1,2,\cdots)$,并设

$$\boldsymbol{Y}^T = \begin{bmatrix} y(0) & y(h) & \cdots & y(nh) \end{bmatrix} \tag{4.17}$$

$$\boldsymbol{\Psi}^T = \begin{bmatrix} \sin(\omega 0) & \sin(\omega h) & \sin(\omega nh) \\ \cos(\omega 0) & \cos(\omega h) & \cos(\omega nh) \end{bmatrix} \tag{4.18}$$

$$c_1 = A_f \cos(\varphi), \quad c_2 = A_f \sin(\varphi) \tag{4.19}$$

由式(4.15)和式(4.16)得

$$\boldsymbol{Y} = \boldsymbol{\Psi} \begin{bmatrix} c_1 \\ c_2 \end{bmatrix} \tag{4.20}$$

由式(4.20),根据最小二乘原理,可求出 c_1,c_2 的最小二乘解为

$$\begin{bmatrix} c_1 \\ c_2 \end{bmatrix} = (\boldsymbol{\Psi}^{\mathrm{T}} \boldsymbol{\Psi})^{-1} \boldsymbol{\Psi}^{\mathrm{T}} \boldsymbol{Y} \tag{4.21}$$

对于角频率 ω,标定系统输出信号的幅值和相位可表示如下:

$$A_f = \sqrt{c_1^2 + c_2^2} \tag{4.22}$$

$$\varphi = \tan^{-1}\left(\frac{c_1}{c_2}\right) \tag{4.23}$$

幅频响应是稳态输出振幅与输入振幅之比,相频响应为输出信号与输入信号相位之差,如果输入信号 $i_2(t) = A_m \sin(\omega t)$ 的相移为零,则标定系统的幅频响应 M_A 和相频响应 φ_e 分别为

$$M_A = 20\lg\left(\frac{A_f}{A_m}\right) = 20\lg\left(\frac{\sqrt{c_1^2 + c_2^2}}{A_m}\right) \tag{4.24}$$

$$\varphi_e = \varphi_{\mathrm{out}} - \varphi_{\mathrm{in}} = \varphi - 0 = \tan^{-1}\left(\frac{c_1}{c_2}\right) \tag{4.25}$$

在待测量的频段取角频率序列 $\{\omega_i\}(i=0,1,\cdots,n)$,对每个角频率点,用上述方法计算幅频和相频,就可以得到标定系统的频率特性数据,利用 MATLAB 系统辨识工具箱分析符合式(4.14)的传递函数参数[82],再通过线圈互感 M_2 分离出接收线圈系统的传递函数,如图 4.5 所示。

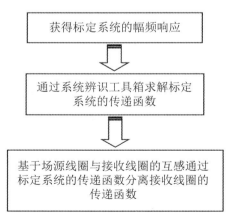

图 4.5 频率响应测试法的标定流程

　　为确保 M_2 是可控的,该方法必须保证标定磁场的均匀性,用于产生均匀磁场的设备必须依据待测线圈的尺寸设计,场源设备体积庞大,只能在实验室中完成。为确保标定文件的拟合精度,频率响应法必须采集足够频点数目的幅值系数和相位系数,测试频点的数目越多,标定所需的时间越长。考虑到频率响应法的测试频率点是有限的,因此,所得频率响应曲线只是标定文件的近似,且标定误差不易定量评估。

4.5　时域无源标定方案

　　接收线圈的标定文件在现场环境以及材料老化程度的影响下可能偏离初始标定结果,这种由环境引起的参数变化难以在实验室中测量,需要寻找一种在线标定方法来检测线圈参数的变化,并将其偏差修正至 0.01% 以内。

　　根据空心接收线圈的等效电路模型,本节给出基于零输入响应的时域无源标定方案,无需建立标定磁场,为实现现场标定提供了可能。

4.5.1　时域无源标定法原理

　　零输入响应是由储能元件非零初始状态引起的时域响应。线性系统的零输入响应随时间呈指数规律衰减,衰减函数包含的指数函数个数等于储能元件的个数。由于系统的零输入响应完全由系统本身的特性决定,因此可以通过线圈的零输入响应获取其等效参数,由于摆脱了标定场源的限制,故称其为时域无源标定法。

　　图 4.6 是使用时域无源标定法测量瞬变电磁接收线圈的等效电路。其中,R 表示接收线圈的内阻,L 表示接收线圈的自感系数,C 表示线圈的端口分布电容,R_b 表示线圈的阻尼电阻,U 表示并联在线圈端口的直流电压源,S 为快速开关。

　　时域无源标定法测试过程如下:闭合开关 S,将线圈输出端接入直流电压源 U,充电至稳态后断开开关 S,线圈进入零输入响应状态,使用信号采集器记录零输入响应电压曲线 $u_s(t_i)(i=1,2,\cdots,n)$,如图 4.7 所示,接收机的采样间隔记为 $t_{i+1}-t_i$,$t_{\min}$ 表示零输入响应测量曲线最小值的时刻。

　　在线圈参数及其初始状态已知的情况下,零输入响应电压的解析解 $u_C(t)$ 可以通过对式(4.1)实施拉普拉斯逆变换并将 $\varepsilon(t)$ 置为零获得

$$LC\frac{\mathrm{d}^2 u_C(t)}{\mathrm{d}t^2}+\left(\frac{L}{R_b}+RC\right)\frac{\mathrm{d}u_C(t)}{\mathrm{d}t}+\frac{R+R_b}{R_b}u_C(t)=0 \qquad (4.26)$$

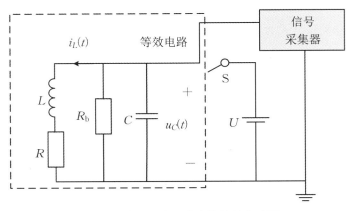

图 4.6 获取零输入响应的等效电路图

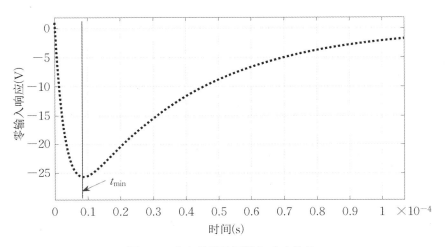

图 4.7 空心线圈的零输入响应信号

通过将线圈零输入响应的数值计算结果 $u_C(t)$ 与实验数据 $u_s(t_i)(i=1,2,\cdots,n)$ 拟合,将两个信号的差定义为误差曲线 $F(t_i)$:

$$F(t_i) = u_s(t_i) - u_C(t_i) \tag{4.27}$$

线圈参数的求解问题转化为非线性规划问题:

$$\min F(t_i;L,C) = \min \sum_{i=1}^{n} \left[u_s(t_i) - u_C(t_i) \right]^2 \quad \text{s. t.} \quad \begin{cases} L>0 \\ C>0 \end{cases} \tag{4.28}$$

这是一个最小二乘问题,可使用迭代法求其最优解:设置 L,C 的初始值,通过式 (4.26) 计算 $u_C(t)$,将实验数据与 $u_C(t)$ 作差,获得误差曲线 $F(t_i;L,C)$,依据误差曲线与参数 L,C 的关系,确定下降方向 $p_k = (p_{Lk}, p_{Ck})$ 和搜索步长 d_{Lk}, d_{Ck},获得下一次迭代值:

$$(L_{k+1}, C_{k+1}) = (L_k + p_{Lk}d_{Lk}, C_k + p_{Ck}d_{Ck}) \tag{4.29}$$

使得

$$\sum_{i=1}^{n} \left[F(t_i; L_{k+1}, C_{k+1}) \right]^2 < \sum_{i=1}^{n} \left[F(t_i; L_k, C_k) \right]^2 \tag{4.30}$$

对于问题(4.28),应用下降算法不断地构造下降方向 p_k 进行迭代,从而测得满足精度的电感与分布电容值。

1. 零输入响应数值计算结果 $u_C(t)$

在线圈的参数及其初始状态已知的情况下,零输入响应电压曲线可以通过数值计算获得,设开关 S 在 $t=0$ 时刻断开,当电压 $U=1$ V 时,等效电路初始状态为 $u_C(0_+) = u_C(0_-) = 1$ V, $\dfrac{\mathrm{d}u_C(0_+)}{\mathrm{d}t} = -\dfrac{R+R_b}{RR_bC}$,其中,$t=0_-$ 是 t 由负值趋近于零的极限,$t=0_+$ 则是 t 由正值趋近于零的极限。根据式(4.26),线圈零输入响应表达式为

$$u_C(t) = \frac{1}{\sqrt{a^2-4b}} \left[\left(c + \frac{a+\sqrt{a^2-4b}}{2} \right) \mathrm{e}^{\frac{a-\sqrt{a^2-4b}}{2}t} - \left(c + \frac{a-\sqrt{a^2-4b}}{2} \right) \mathrm{e}^{\frac{a+\sqrt{a^2-4b}}{2}t} \right]$$

$$\tag{4.31}$$

其中,$a = \dfrac{1}{R_bC} + \dfrac{R}{L}$,$b = \dfrac{R+R_b}{LCR_b}$,$c = -\dfrac{R+R_b}{RR_bC}$。且 $c < 0 < \dfrac{a+\sqrt{a^2-4b}}{2} < a < |c|$。设 $\tau_1 = \dfrac{2}{a-\sqrt{a^2-4b}}$,$\tau_2 = \dfrac{2}{a+\sqrt{a^2-4b}}$,从而有

$$u_C(t) = \frac{1}{\sqrt{a^2-4b}} \left(\left| c + \frac{1}{\tau_1} \right| \mathrm{e}^{-\frac{1}{\tau_2}t} - \left| c + \frac{1}{\tau_2} \right| \mathrm{e}^{-\frac{1}{\tau_1}t} \right) \tag{4.32}$$

可见 $u_C(t)$ 是两个指数信号的叠加,如图 4.7 所示。由于 $\dfrac{2}{a+\sqrt{a^2-4b}} < \dfrac{2}{a-\sqrt{a^2-4b}}$,因此衰减系数 τ_2 主要影响零输入响应在 $t < t_{min}$ 的前段波形,而衰减系数 τ_1 主要影响零输入响应在 $t > t_{min}$ 的末段波形。

2. 下降方向 p_k 的确定

为了确定迭代的下降方向 p_k 和搜索步长 d_{Lk}, d_{Ck},需确定 $\Delta L, \Delta C$ 与误差曲线 $F(t_i) = u_s(t_i) - u_C(t_i)$ 的关系。

定义参数偏差率 $\zeta(L, C)$ 如式(4.33)所示,其中,L 和 C 表示线圈自感系数和分布电容的实际值,L_w 和 C_w 分别表示线圈自感系数和分布电容的测量值。

$$\begin{cases} \zeta(L) = \dfrac{\Delta L}{L} = \dfrac{L_w - L}{L} \times 100\% \\[2mm] \zeta(C) = \dfrac{\Delta C}{C} = \dfrac{C_w - C}{C} \times 100\% \end{cases} \tag{4.33}$$

将待测线圈参数的标准值预设为 $L=0.12$ H,$C=1$ μF,$R=100$ Ω,$R_b=3$ kΩ,当 $U=1$ V 时线圈零输入响应信号如图 4.7 所示,其在 $t=t_{min}$ 时刻达到峰值。对应于各种参数偏差率的误差曲线如图 4.8 所示。由图 4.8(a)可知,在 $\zeta(L)\neq0$ 且 $\zeta(C)=0$ 情况下,误差曲线 $F(t_i;L)$ 仅有一个位于 t_{min} 时刻之后的峰值,该峰值当 $\zeta(L)>0$ 时幅值为正,当 $\zeta(L)<0$ 时幅值为负,且 $F(t_i;L)$ 的幅值与 $|\zeta(L)|$ 成正相关。由图 4.8(b)可知,在 $\zeta(C)$

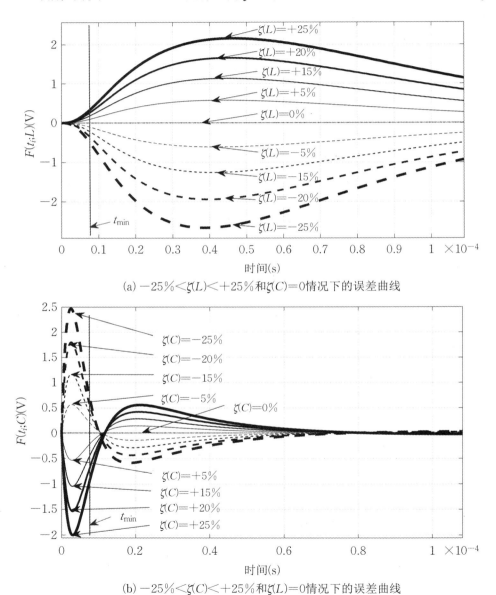

(a) $-25\%<\zeta(L)<+25\%$ 和 $\zeta(C)=0$ 情况下的误差曲线

(b) $-25\%<\zeta(C)<+25\%$ 和 $\zeta(L)=0$ 情况下的误差曲线

图 4.8 参数偏差($\zeta(L)$,$\zeta(C)$)对误差曲线的影响

$\ne 0$ 且 $\zeta(L) = 0$ 情况下,误差曲线 $F(t_i; C)$ 存在三个峰值,其中仅有一个峰值位于 $t_{\min}$ 时刻之前,该峰值在 $\zeta(C) < 0$ 时幅值为正,当 $\zeta(C) > 0$ 时幅值为负,且 $F(t_i; C)$ 的幅值与 $|\zeta(C)|$ 成正相关。

由图 4.8 可知,ΔL,ΔC 与误差曲线 $F(t_i)$ 的关系为:电感值 L 产生的误差曲线的峰值点出现在 $u_C(t)$ 峰值之后,且极性与 ΔL 相同;分布电容 C 产生的误差曲线的峰值点出现在 $u_C(t)$ 峰值之前,且极性与 ΔC 相反;电容的偏差会对误差曲线造成三个极性相反的峰值,而由电感线产生的峰值是单极性的。衰减系数 τ_1 和 τ_2 关于参数 L 和 C 的单调性是通过误差曲线 $F(t_i)$ 的波形特征确定下降方向 p_k 的主要依据,参数误差率($\zeta(L)$,$\zeta(C)$)与误差曲线的对应关系证明如下:

由(4.31)可知 $u_C(t)$ 是两个指数函数的差,参数 $a^2 - 4b$ 的表达式为

$$a^2 - 4b = \frac{1}{(CR_b)^2} + \left(\frac{R}{L}\right)^2 - \frac{2(R + 2R_b)}{LCR_b} \tag{4.34}$$

考虑到接收线圈的所有参数都是正值,且端口电阻取临界阻尼值 $R_b = \dfrac{L}{RC + 2\sqrt{LC}}$,推导 $a^2 - 4b$ 和 a 关于参数 L,C 的单调性如下:

$$\frac{\partial(a^2 - 4b)}{\partial L} = 2L^{-3}\left[\left(\frac{R}{R_b C} + \frac{2}{C}\right)L - R^2\right] = 4\frac{R\sqrt{LC} + L}{L^3 C} > 0 \tag{4.35}$$

$$\frac{\partial(a^2 - 4b)}{\partial C} = \frac{2C^{-3}}{R_b}\left(\frac{(R + 2R_b)C}{L} - \frac{1}{R_b}\right) = \frac{-4C^{-2}(2R\sqrt{LC} + L)}{R_b L(RC + 2\sqrt{LC})} < 0 \tag{4.36}$$

$$\frac{\partial a}{\partial L} = -\frac{R}{L^2} < 0 \tag{4.37}$$

$$\frac{\partial a}{\partial C} = -\frac{1}{R_b C^2} < 0 \tag{4.38}$$

如式(4.35)和式(4.36)所示,$a^2 - 4b$ 关于参数 L 单调递增,且关于参数 C 单调递减。根据复合函数的单调性原理,$\sqrt{a^2 - 4b}$ 同样关于参数 L 单调递增,且关于参数 C 单调递减。如式(4.37)和式(4.38)所示,a 是参数 L 和 C 的减函数。显然,衰减系数 τ_1 是关于 L 的增函数,衰减系数 τ_2 是关于 C 的增函数。而 τ_1 和 τ_2 分别关于参数 C 和 L 的单调性取决于参数的取值范围。

考虑到瞬变电磁接收线圈的自感系数的取值范围 $L = m \times 10^{-1}$ H,分布电容 $C = m \times 10^{-10}$ F,内阻 $R = m \times 10^2$ Ω,$0.1 < m < 10$,从而有

$$\frac{\partial(a + \sqrt{a^2 - 4b})}{\partial L} = -\frac{R}{L^2} + 2\sqrt{\frac{R\sqrt{LC} + L}{L^3 C}} = -\sqrt{\frac{R^2}{L^4}} + 2\sqrt{\frac{\dfrac{RL\sqrt{LC}}{C} + \dfrac{L^2}{C}}{L^4}} > 0 \tag{4.39}$$

因此,衰减系数 τ_2 通常是关于 L 的减函数,同理衰减系数 τ_1 通常是关于 C 的减函数。

接下来从理论上分析参数 L 对 $F(t_i)$ 波形的影响:当 L 变化率为 $\zeta(L)$ 时,两个衰减常数的变化量有

$$\Delta\left|\frac{2}{a+\sqrt{a^2-4b}}\right| < \Delta\left|\frac{2}{a-\sqrt{a^2-4b}}\right|$$

所以 $\zeta(L)$ 主要影响 τ_1 的取值。由于 τ_1 是 L 的增函数,且 τ_2 是 L 的减函数,当 $\zeta(L)>0$ 时,$u_C(t)$ 的峰值比 $u_s(t_i)$ 的更低,且 $u_C(t)$ 的幅值在峰值前的上升速度加大,在峰值后的衰减速度减缓,峰值时刻前移。考虑到 $\zeta(L)$ 对 τ_2 的影响较弱,所以 $u_C(t)$ 的峰值时刻变化并不显著,从而 $u_C(t)$ 整体低于 $u_s(t_i)$,$F(t_i)$ 仅存在单个正值波峰,反之亦然,如图 4.8(a)实线和虚线所示。

接下来从理论上分析参数 C 对 $F(t_i)$ 波形的影响:当 C 的变化量为 ΔC 时,两个衰减常数的变化量有

$$\Delta\left|\frac{2}{a+\sqrt{a^2-4b}}\right| > \Delta\left|\frac{2}{a-\sqrt{a^2-4b}}\right|$$

ΔC 主要影响 τ_2 的取值。由于 τ_2 是 C 的增函数,且 τ_1 是 C 的减函数,当 $\Delta C>0$ 的情况下,$u_C(t)$ 的峰值高于 $u_s(t_i)$ 的,且 $u_C(t)$ 的幅值在峰值前的上升速度减缓,在峰值后的衰减速度加快,峰值时刻后移。考虑到 ΔC 对 τ_2 的影响较强,所以 $u_C(t)$ 的峰值时刻变化不可忽略。因此,由于 $u_C(t)$ 的幅值在其峰值前上升缓慢,其在 $u_s(t_i)$ 的峰值时刻之前高于 $u_s(t_i)$;由于 $u_C(t)$ 峰值时刻的后移,$u_C(t)$ 在其峰值时刻附近低于 $u_s(t_i)$;由于 $u_C(t)$ 的幅值在其峰值后衰减加速,故其在衰减期高于 $u_s(t_i)$。因此,$F(t_i)$ 在 t_{min} 之前存在一个负值波谷,且在 t_{min} 之后经过一个正值波峰后再次降为负值,反之亦然,如图 4.8(b)实线和虚线所示。

基于上述论证,一种用于通过误差曲线判断参数 L,C 是否存在偏差的推荐算法是:

(1) 记 t_{min} 时刻之前的误差曲线极值点为 $F_{top}(t<t_{min})$,之后的误差曲线极值点为 $F_{top}(t>t_{min})$,记误差曲线最后一个极值出现的时刻为 t_{max}。

(2) 若有 $F_{top}(t<t_{min})\neq 0$,则 $\Delta C\neq 0$,取 p_{Ck} 的极性与 $F_{top}(t<t_{min})$ 的保持一致,否则有 $\Delta C\ll\Delta L$ 或 ΔC 已满足精度要求,取 $p_{Ck}=0$。

(3) 若有 $\max\left|F_{top}(t>t_{min})\right|\geqslant\left|F_{top}(t<t_{min})\right|$,或者 $\left|F_{top}(t=t_{max})\right|\geqslant\left|F_{top}(t>t_{min})\right|$ 且在 $t>t_{min}$ 段有两个极值点,则 $\Delta L\neq 0$,取 p_{Lk} 的极性与 $F_{top}(t=t_{max})$ 的相反,否则有 $\Delta L\ll\Delta C$ 或 ΔL 已满足精度要求,取 $p_{Lk}=0$。

考虑到电感对误差曲线产生的峰值出现在曲线末段,因此,L 的下降方向可以参考误差曲线最后一个极值的极性设置:

$$p_k = (p_{Lk}, p_{Ck}) = \left(-\frac{F_{top}(t=t_{max})}{|F_{top}(t=t_{max})|}, \frac{F_{top}(t<t_{min})}{|F_{top}(t<t_{min})|}\right) \quad (k=1,2,\cdots) \quad (4.40)$$

接下来定量分析 $F(t_i)$ 的幅值与参数偏差率的关系，并证明参数 L 和 C 沿式（4.40）所示下降方向的收敛结果是全局最优解。图 4.9（a）、（b）和（c）分别展示了 $F(t_i;L)$ 的均方根（RMS）关于参数 $\zeta(L)$ 的变化规律，$F(t_i;C)$ 的均方根关于参数 $\zeta(C)$ 的变化规律以

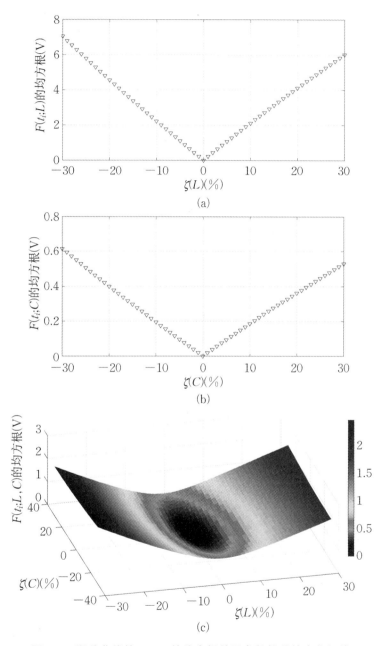

图 4.9　误差曲线的 $F(t_i)$ 的均方根关于参数偏差的变化规律

及 $F(t_i;L,C)$ 的均方根关于参数 $\zeta(L)$ 和 $\zeta(C)$ 的变化规律。如图 4.9(a)和(b)所示，$F(t_i;L)$ 和 $F(t_i;C)$ 的均方根分别随 $|\zeta(L)|$ 和 $|\zeta(C)|$ 成正比增长。由图 4.9(c)可知，$F(t_i;L,C)$ 是关于参数 $\zeta(L)$ 和 $\zeta(C)$ 的凸函数，且 $F(t_i;L,C)$ 在 $\zeta(L)=\zeta(C)=0$ 时取得最小值。显然，参数 L 和 C 沿下降方向式(4.40)的收敛结果是全局最优解，且该全局最优解即为受测线圈自感系数和等效电容的实际值。

3. 搜索步长 d_{Lk}，d_{Ck} 的确定

当参数 L，C 的偏差率较大时，通过适度增大搜索步长 d_{Lk}，d_{Ck} 可以提高参数的收敛效率，而当 L，C 的偏差率较小时，适度缩小搜索步长 d_{Lk}，d_{Ck} 有利于提高数据拟合的精度。因此，基于参数 $\zeta(L)$ 和 $\zeta(C)$ 的状态确定的搜索步长 d_{Lk}，d_{Ck} 有利于收敛效率的提升。考虑到参数 $\zeta(L)$ 和 $\zeta(C)$ 是未知的，本节依据 $\zeta(L)$ 和 $\zeta(C)$ 与误差曲线 $F(t_i;L,C)$ 的关系，基于误差曲线的偏差率 η 确定搜索步长。

定义误差曲线 $F(t_i;L,C)$ 的偏差率为

$$\begin{cases} \eta_L = \left| \dfrac{F_{top}(t=t_{max})}{\min u_s} \right| \times 100\% \\[3mm] \eta_C = \left| \dfrac{F_{top}(t<t_{min})}{\min u_s} \right| \times 100\% \end{cases} \tag{4.41}$$

其中，$\min u_s$ 表示零输入曲线的最小值。如图 4.9 所示，$F(t_i;L)$ 和 $F(t_i;C)$ 的均方根分别随 $\zeta(L)$ 和 $\zeta(C)$ 线性增长，因此，搜索步长可以设为 η 的一次函数：

$$\begin{cases} d_{Lk} = m_L \eta_{Lk} \\ d_{Ck} = m_C \eta_{Ck} \end{cases} \quad (m_L, m_C \in \mathbf{R}^+, k=1,2,\cdots) \tag{4.42}$$

系数 m_L，m_C 的值可以根据前两次的迭代结果确定，计算方法为：

(1) 计算参数初始值 L_0，C_0 对应的偏差率 η_{L0}，η_{C0}；

(2) 设 $m_L = m_C = 1$，由式(4.29)、式(4.40)获得用于第二次迭代的参数值 L_1，C_1；

(3) 计算当前的偏差率 η_{L1}，η_{C1}；

(4) 对于 $k=1$，设 $\Delta L = L_k - L_{k-1}$，$\Delta C = C_k - C_{k-1}$，$\Delta \eta_L = \eta_{Lk} - \eta_{L(k-1)}$，$\Delta \eta_C = \eta_{Ck} - \eta_{C(k-1)}$。

(5) 设 $m_L = \Delta L / \Delta \eta_L$，$m_C = \Delta C / \Delta \eta_C$，由式(4.29)、式(4.40)获得用于下一次迭代的参数值。

如果系数 m_L，m_C 的值在后续迭代过程中固定不变，则称该计算方法为定系数法，如果系数 m_L，m_C 的值随迭代结果不断更新，则称该计算方法为变系数法。当 ΔL 或 ΔC 为过大的正数时，根据定系数法确定的 m_L，m_C 可能导致迭代不收敛，如图 4.10(a)所示；当 ΔL 或 ΔC 为过大的负数时，根据定系数法确定的 m_L，m_C 导致收敛缓慢，如图 4.10(b)所示。因此，使用变系数法求解 m_L，m_C 可以获得更好的收敛效果。

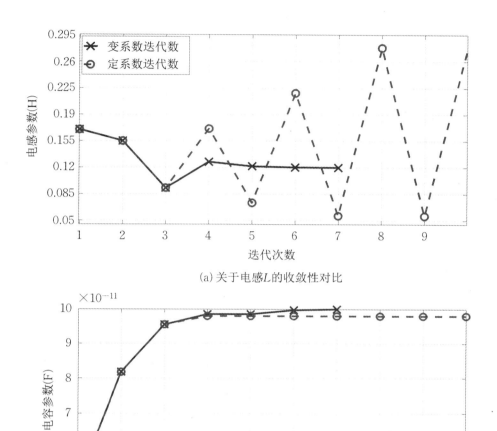

(a) 关于电感L的收敛性对比

(b) 关于电容C的收敛性对比

图 4.10　变系数法和定系数的法收敛性对比

将偏差率作为搜索步长的参考值,可以有效提高迭代收敛速度,当参数 L,C 的初始值偏差较大时,式(4.42)确定的搜索步长较大,可以快速逼近参数的准确解;经过几次迭代后,参数 L,C 接近准确解,偏差率较低,此时确定的搜索步长较小,有利于求解精度的提高。

由于参数 L,C 初值、下降方向 p_k 以及搜索步长 d_{Lk},d_{Ck} 已知,应用下降算法不断地构造下降方向 p_k 进行迭代,获得满足精度要求的非线性规划问题(4.28)的解,从而测得线圈的电感与分布电容值。

4.5.2　标定参数的设计与优化

1. 阻尼电阻 R_b 对结果的影响

由空心线圈的传递函数可知,阻尼电阻 R_b 可以防止感应信号出现振荡,R_b 取临界阻尼值可以提高线圈的动态响应能力。

图 4.11 为接收线圈匹配过阻尼 $R_b=1000\ \Omega$、临界阻尼 $R_b=3000\ \Omega$ 和欠阻尼 $R_b=5000\ \Omega$ 状态下的零输入响应误差曲线。阻尼电阻越大,误差曲线的幅值越高,峰值越明显,但过大的阻尼电阻使线圈处于欠阻尼状态,误差曲线出现振荡,如图 4.11 点线与虚线所示,误差曲线的末端较临界阻尼状态下增加了一个波峰。

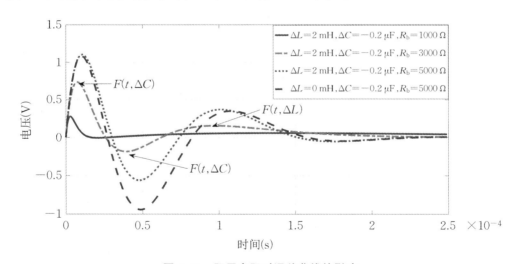

图 4.11　阻尼电阻对误差曲线的影响

线圈处于欠阻尼状态时,误差曲线出现振荡,不能保证由式(4.40)获取 p_k 的正确性,可能导致迭代不收敛;线圈处于过阻尼状态时,误差曲线幅值较小,过小的误差曲线峰值可能会影响迭代结果的精度。因此,R_b 取临界阻尼值是最佳方案。

但是,为了将零输入响应曲线峰值限制在采样设备量程以内,可以适当减小 R_b 的取值,使线圈处于弱过阻尼状态。电阻 R_b 的减小并不会改变衰减系数 τ_1 和 τ_2 关于参数 L,C 的单调性,因此关于下降方向 p_k 和搜索步长 d_{Lk},d_{Ck} 的结论不变。

2. 采样率对结果的影响

作为拟合目标,零输入响应曲线 $u_s(t_i)(i=1,2,\cdots,n)$ 的完整性对接收线圈参数的测量精度十分重要。信号采集器的采样频率必须保证响应曲线在其峰值部分的完整性。

如图 4.12 所示,设置线圈参数 $L=0.12$ H,$C=0.5$ μF,内阻 $R=100$ Ω,端口阻尼电阻 $R_b=3000$ Ω。在 1 MHz 采样频率下零输入响应电压曲线如图 4.12 点线所示,曲线的峰值部分显示完整,当采样频率 $f_s=100$ kHz 时,零输入响应测量曲线标记为"+"型线,曲线的峰值部分残缺。两种采样频率下误差曲线 $F(\Delta L=0,\Delta C=0.3$ μF$)$ 分别如实线和"×"型线所示。对比两种采样频率下的误差曲线可知,由过低的采样率采集的误差曲线无法反映 $F_{top}(t<t_{min})$ 的存在,从而失去了对电容偏差的检测能力。

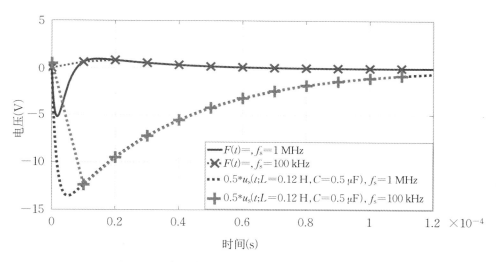

图 4.12　低采样率对误差曲线和响应曲线的影响

为了控制采样精度和控制设备的成本,瞬变电磁接收机的采样频率可能低于 1 MHz。为避免失去对电容误差的检测能力,本书提出延迟叠加法,它通过对低采样率数据实施延迟叠加采样获得了与高采样率设备相同的采集效果,从而提高了响应曲线峰值段的完整性。

延迟叠加法的原理是:对信号采集器的触发信号设置延迟时间 t_s,使得采集器在快速开关 S 断开 t_s 后开始采集零输入响应信号 $u_s(t_i)$,分别采集不同 t_s 状态下的响应曲线并叠加,即获得曲线的完整的峰值,如图 4.13 所示。

延迟时间 t_s 的选取应小于信号采集器的采样周期,多个 t_s 的取值和叠加次数以满足响应曲线峰值段的完整性为宜。理论上,叠加次数越多、迭代终止条件 $|\eta(\Delta L)|$ 越小,零输入响应拟合法对接收线圈参数的求解精度就越高。一般情况下,对于 100 kHz 采样率

的设备,在一个采样周期内设置 5 个 t_s 即可满足需求。

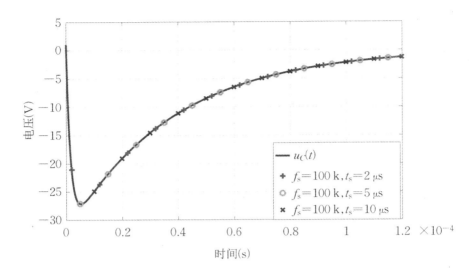

图 4.13　使用延迟叠加法采集零输入响应曲线

设线圈的参数为 $L=120\,\text{mH}$,$C=100\,\text{pF}$,内阻 $R=100\,\Omega$,临界阻尼电阻 $R_b=15\,\text{k}\Omega$,初始误差 $\Delta L=5\,\text{mH}$,$\Delta C=-50\,\text{pF}$,迭代终止条件为 $|\eta(\Delta L)|<1\times10^{-5}$,且 $|\eta(\Delta C)|<1\times10^{-5}$,表 4.1 展示了不同采样率对求解结果的影响。由表 4.1 可知,随着采样率降低,零输入响应拟合法的迭代次数增加,电容参数的求解精度明显下降,当采样率降至 $f_s=200\,\text{kHz}$,电容参数的求解失败。然而,使用延迟叠加法对采样率 $f_s=100\,\text{kHz}$ 的响应数据实施处理后,可以获得接近 1 MHz 采样率的求解精度。因此,延迟迭代法降低了本书提出的参数测量方案对硬件的要求,增强了算法的实用性。

表 4.1　采样率和延迟叠加法对求解结果的影响

采样率 f_s	1 MHz $t_s=0$	500 kHz $t_s=0$	200 kHz $t_s=0$	100 kHz 设置 5 个 t_s
迭代次数	6	9	61	7
$L(\text{mH})$	119.9	119.9	109	120
$C(\text{pF})$	99.977	99.633	50	99.94
精度	99.98%	99.63%	50%	99.94%

3. 土壤涡流对标定精度的影响

本节利用 Ansys Maxwell 3D 电磁场仿真软件分析当切断如图 4.6 所示的直流电压电源之后,线圈电流激发的土壤涡流对标定精度的影响。

图 4.14 展示了三种标定模型。模型 1 源自航空瞬变电磁标定系统,模型 2 和模型 3

分别使用时域无源标定法对水平放置和垂直放置的接收线圈实施参数校准。其中线圈 1 为半径 0.11 m 的 300 匝受测接收线圈；线圈 2 为半径 1 m 的导电回路，其时间常数 $\tau_b=$ 140 μs；线圈 3 代表航空瞬变电磁标定系统所用的 12 匝发送线圈，其半径为 0.6 m；各模型中标定源线圈的高度均设为 $h=1$ m；土壤的电阻率设定为 $\rho=1\,\Omega\cdot$ m 以产生显著的涡流效应。航空瞬变电磁标定系统将斜阶跃电流 $i_T(t)$ 注入发射线圈作为标定激励源，它从 $t=t_0$ 时刻开始下降并在 $t=t_1$ 降为零，关断时间为 $T_{off}=t_1-t_0=10$ μs，稳态电流 $I_0=$ 1 A，如式（4.43）所示。另外，零输入响应在受测线圈内产生的电流峰值为 0.1 A。

$$i_T(t)=\begin{cases} I_0 & (0<t<t_0) \\[2mm] -\dfrac{I_0(t-t_0)}{t_1-t_0} & (t_0\leqslant t<t_1) \\[2mm] 0 & (t_1\leqslant t) \end{cases} \tag{4.43}$$

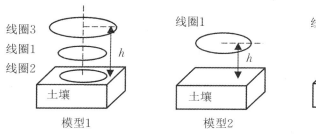

图 4.14　三种标定模型的示意图

当 $t>t_1$ 之后，模型 1 受测线圈的输出信号 $u_{out}(t)$ 由线圈 2 和土壤涡流共同激励。为了定量评估土壤涡流对 $u_{out}(t)$ 的影响程度，分别为图 4.14 所示的每种模型增设一个真空环境下的对照模型，记其接收线圈的输出信号为 $u_0(t)$，从而可通过式（4.44）所示的干扰率 β 对比土壤涡流响应在各模型输出信号中的占比，如图 4.15 所示。

$$\beta(t)=\frac{u_{out}(t)-u_0(t)}{u_0(t)}\times 100\% \tag{4.44}$$

由图 4.15 可知，与模型 1 相对应的 $\beta(t)$ 如实线所示，其平均值约为 0.026%，对应于模型 2 的平均值约为 0.004%，如黑色虚线所示，对应于模型 3 的平均值约为 0.003%，用灰色虚线表示。由于零输入响应产生的电流远小于额定发射电流 $i_T(t)$，因此，土壤涡流对时域无源标定法的影响小于传统的航空瞬变电磁标定系统。不仅如此，通过将受测线圈垂直布置在地面上，可以更好地抑制土壤涡流。该对比仿真定量验证了时域无源标定法对环境的适应能力，并证实了将它用于现场标定的可行性。

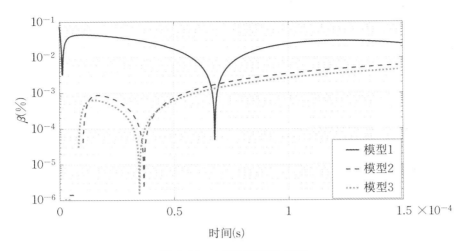

图 4.15　土壤电阻率的影响

4.5.3　标定精度验证

本节通过数值仿真模拟时域无源标定法对较大参数偏差的检测能力,并定量分析瞬变电磁接收线圈的参数偏差对视电阻率计算精度的影响。

将图 4.6 所示直流电压源的稳态幅度设置为 1 V,接收机采集电路的采样频率和最小分辨率分别设为 1 MHz 和 1 mV。接收线圈的参数为 $L=14.735$ mH,$C=183$ pF,内阻 $R=9.1$ Ω,端口阻尼电阻 $R_b=500$ Ω。接收线圈零输入响应峰值电压为 -54 V。变系数迭代法对预设偏差率为 $+35\%$ 的收敛过程如图 4.16 所示,L 和 C 的预设参数偏差最

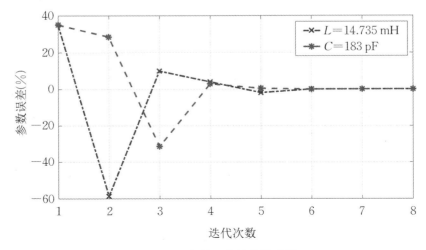

图 4.16　参数误差的收敛过程

终分别收敛至 0.00447％ 和 0.00454％。图 4.17 展示了对应于不同预设参数偏差的收敛结果。从图 4.17 可以看出，时域无源标定法可以将预设参数的误差由 35％ 降低至 0.01％ 以内，且平均误差小于 0.005％。由图 4.4 可知，此时视电阻率的计算误差小于 1.5％，因此，时域无源标定法可以为小回线瞬变电磁系统提供足够的标定精度，可用于针对环境引起的线圈参数变化的现场标定。

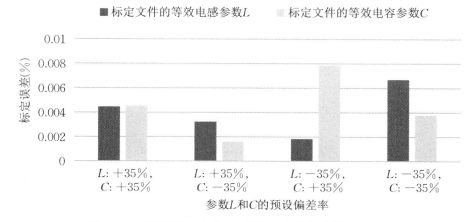

图 4.17　时域无源标定法对不同预设参数偏差的标定误差

本节通过分析瞬变电磁接收线圈参数与其零输入响应曲线的关系，提出了无需建立标定场源的时域无源标定方案。通过将数值计算结果与实验数据拟合，把线圈参数的求解转化为非线性规划问题，利用参数偏差 $\Delta L, \Delta C$ 与误差曲线的关系，确定了迭代算法的下降方向和搜索步长，实现了针对瞬变电磁接收系统标定文件的快速检测。为了提高低采样率设备对响应曲线采集的完整性，提出适用于低采样率数据采集器的延迟叠加法，降低了本书提出的拟合算法对硬件的要求，增强了算法的实用性。仿真结果证明根据时域无源标定法检测的线圈参数稳定可靠，有利于提高瞬变电磁法探测精度，满足了野外施工环境下随时标定的需求。

4.6　时域反馈标定方案

现有的标定技术必须通过建立均匀的标定磁场保证线圈感应电动势的可控性，为了满足标定需求，频率响应测试法的场源设备必须定制，从而对标定源的要求十分苛刻。尽管如此，由于 Helmholtz 线圈或长直螺线管只能在局部范围内提供均匀标定磁场，因此标定磁场的非均匀度可达 0.43%，标定磁场的扩展不确定度可达 2.5%[83]。另外，用于航空瞬变电磁系统的导电环标定法难以摆脱土壤涡流和高次互感的干扰，线圈感应电动势的求解误差对标定精度的影响不可忽略且无法预测，因此难以定量评估标定精度。

本节阐述了一种用于瞬变电磁接收线圈的时域反馈标定方案——τ 曲线标定法，将接收线圈感应电动势的求解误差作为反馈信号，实现了标定精度的定量评估。新的标定方案使用指数衰减电流作为标定信号，并通过算法解除了反馈信号对求解线圈感应电动势的依赖，使标定文件不受感应电动势计算误差的影响，从而摆脱了标定过程对磁场均匀度的依赖。

4.6.1 标定原理

标定系统由标定线圈与待标定的瞬变电磁空心接收线圈构成，如图 4.18 所示。对于直径小于 3 m 的小型接收线圈，可以将标定线圈与空心线圈平行放置于地面，并使其所在平面与地面垂直，通过改变两线圈的距离调节它们的耦合程度。

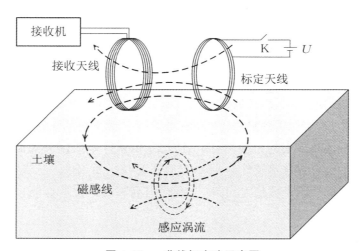

图 4.18 τ 曲线标定法示意图

闭合开关 K 将标定线圈充电至稳态，快速切断开关 K，把在标定线圈内产生的指数衰减信号 $i(t)$ 作为标定源。标定线圈通常由 5 匝排列稀疏且均匀绕制的绝缘导线制作，因此其分布电容可以忽略。标定线圈的等效电路如图 4.19 所示。在不受外部激励的情况下，标定源 $i(t)$ 呈指数衰减，如式（4.45）所示。指数衰减电流具有与瞬变电磁法二次场相似的衰减特性，因此适宜作为标定信号源。

$$i(t) = a e^{-\frac{t}{\tau_b}} \tag{4.45}$$

其中，$i(t)$ 的衰减常数 τ_b 取决于线圈的自感系数 L_b、内阻 R_0 和端口电阻 R，并可通过线圈端口电阻 R 调节。

$$\tau_b = \frac{L_b}{R_0 + R} \tag{4.46}$$

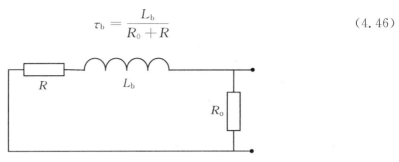

图 4.19　标定线圈的等效电路图

标定电流在受测接收线圈上产生的感应电动势 $\varepsilon(t)$ 为

$$\varepsilon(t) = -M \frac{\mathrm{d}i(t)}{\mathrm{d}t} = M \frac{a}{\tau_b} \mathrm{e}^{-\frac{t}{\tau_b}} \tag{4.47}$$

其中，a 是常数系数，M 表示两线圈的互感。

　　对于频率响应测试法等传统标定方法，标定文件的求解基于它的定义，即线圈感应电动势（输入信号）和输出信号的映射，因此，这种方法的特点是通过分析线圈的频率响应曲线寻找与之匹配的标定文件。而本书提出的方案中，标定文件的求解基于它的用途，即寻找可以将输出信号 $u(t)$ 准确还原为感应电动势 $\varepsilon(t)$ 的传递函数。基于待定标定文件求解的感应电动势可能较 $\varepsilon(t)$ 存在偏差，故将其记为待校准信号 $\varepsilon_1(t)$。将 $\alpha(t) = \varepsilon_1(t) - \varepsilon(t)$ 作为反馈信号，通过最优化算法消除或减小 $\alpha(t)$，实现接收线圈标定文件的修正。反馈标定法的流程图如图 4.20 所示。

4.6.2　反馈信号

　　反馈信号 $\alpha(t) = \varepsilon_1(t) - \varepsilon(t)$ 反映了由标定文件误差导致的 $\varepsilon_1(t)$ 的求解误差。反馈标定法的核心是依据反馈信号 $\alpha(t) = \varepsilon_1(t) - \varepsilon(t)$ 校准空心线圈的传递函数。由式（4.47）可知，$\varepsilon(t)$ 的求解依赖于标定线圈的电流 $i(t)$ 和互感 M，显然 M 的计算误差将影响 $\alpha(t)$ 的精度。

　　为解除互感系数对标定的限制，本节使用 $\varepsilon(t)$ 和 $\varepsilon_1(t)$ 的衰减系数构成新的反馈信号。在标定源 $i(t)$ 为指数信号的情况下，接收线圈的感应电动势 $\varepsilon(t)$ 具有与 $i(t)$ 相同且固定的衰减系数 τ_b，然而，受限于标定文件 $H(s)$ 的精度，待校准信号 $\varepsilon_1(t)$ 的衰减系数或为时间的函数 $\tau(t)$。我们可以通过检测所求感应电动势 $\varepsilon_1(t)$ 的衰减系数是否满足 $\tau(t) = \tau_b$ 来判断它相对于 $\varepsilon(t)$ 的畸变程度，这种基于衰减系数的反馈信号解除了标定过程对 M 的依赖。

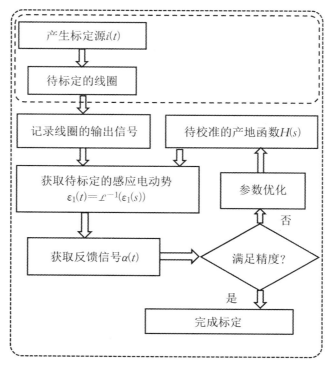

图 4.20 反馈标定法的流程图

信号 $\varepsilon(t)$ 和 $\varepsilon_1(t)$ 的衰减系数可通过微分或积分运算获取,如式(4.48)所示。由式(4.48)可知,对于指数信号 $i(t)$ 或 $\varepsilon(t)$,衰减系数的求解结果等于标定线圈的时间常数 τ_b。当这种算法应用于非指数信号,例如由不精确的 $H(s)$ 求解的待校准信号 $\varepsilon_1(t)$,所得衰减系数是关于时间的变量 $\tau(t)$ 时,称其为 τ 曲线,它是 $\varepsilon_1(t)$ 在各个时刻的等效衰减系数的集合,如式(4.49)所示。因此,在使用指数信号作为标定源 $i(t)$ 的情况下,$\tau(t)$ 较 τ_b 的偏差可以代替 $\varepsilon_1(t) - \varepsilon(t)$ 作为新的反馈信号。相比微分运算,积分算法对随机噪声的适应能力更强。τ 曲线将畸变的指数函数(如 $\varepsilon_1(t)$)转换为畸变的常数函数,从而更容易被辨识。

$$\begin{cases} \left| \dfrac{i(t)}{\mathrm{d}i(t)} \right| = \left| \dfrac{a\mathrm{e}^{-t/\tau_b}}{-\dfrac{a}{\tau_b}\mathrm{e}^{-t/\tau_b}} \right| = \tau_b \\[4mm] \left| \dfrac{\int i(t)\mathrm{d}t}{i(t)} \right| = \left| \dfrac{-\tau_b a\mathrm{e}^{-t/\tau_b}}{a\mathrm{e}^{-t/\tau_b}} \right| = \tau_b \\[4mm] \left| \dfrac{\int \varepsilon(t)\mathrm{d}t}{\varepsilon(t)} \right| = \left| \dfrac{-M\tau_b^2 a\mathrm{e}^{-t/\tau_b}}{M\dfrac{a}{\tau_b}\mathrm{e}^{-t/\tau_b}} \right| = \tau_b \end{cases} \tag{4.48}$$

$$\tau(t) = \left| \frac{\int \varepsilon_1(\tau)\mathrm{d}\tau}{\varepsilon_1(\tau)} \right| \tag{4.49}$$

通过引入 $\tau(t)$,反馈信号可表示为

$$\alpha(t) = \frac{\tau(t) - \tau_b}{\tau_b} \tag{4.50}$$

为了验证使用 $\tau(t) - \tau_b$ 作为反馈信号的可行性,设标定系统参数为 $\tau_b \approx 100~\mu s$,$M=50~\mu H$,$L=150~\mathrm{mH}$,$C=500~\mathrm{pF}$,将标定系统的信号绘制于图 4.21 中,包括以实线表示的校准输入信号 $\varepsilon(t)$,以灰色虚线表示的接收器线圈输出信号 $u(t)$ 和 $\zeta(L)=2\%$ 以及 $\zeta(C)=-2\%$ 情况下感应电动势的计算值 $\varepsilon_1(t)$,分别标记为灰色点线和黑色点划线。受 $H(s)$ 预设参数偏差的影响,早期 $\varepsilon_1(t)$ 信号偏离了接收线圈的实际感应电动势 $\varepsilon(t)$,因此原反馈信号 $\varepsilon_1(t) - \varepsilon(t)$ 携带了 $H(s)$ 的参数误差信息。将对应于图 4.21 中四种信号的 τ 曲线分别绘制在图 4.22 中,可知基于畸变指数信号(如 $\varepsilon_1(t)$ 和 $u(t)$)的 τ 曲线在早期阶段偏离了 τ_b,但随着时间逐渐收敛至 τ_b。因此,基于 $\varepsilon_1(t)$ 的 τ 曲线偏离 τ_b 的部分反映了 $\varepsilon_1(t)$ 与 $\varepsilon(t)$ 的差异,同样可以反映 $H(s)$ 的参数误差。显然,基于 τ 曲线的反馈信号避免了磁场均匀性以及 $\varepsilon(t)$ 的求解误差对反馈信号的影响。

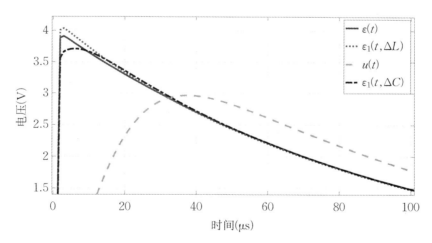

图 4.21　原始感应电动势、线圈输出信号及标定输出 $\varepsilon_1(t)$ 的对比

由图 4.22 可知,对应于 $\varepsilon(t)$ 的 τ 曲线在互感 M 以及土壤涡流影响下于 $t=8~\mu s$ 时刻进入稳态,接收线圈输出信号 $u(t)$ 对应的 $\tau(t)$ 在 $t=160~\mu s$ 后脱离过渡过程影响,而对应于 2% 参数偏差的 $\tau(t)$ 进入稳态时刻约为 $80~\mu s$,三种信号的非稳态时长存在明显差异,因此,τ 曲线对参数偏差的检测灵敏度很高。基于信号时间常数的反馈信号将标定文件的误差转化为 $\alpha(t)$ 的非稳态区间的时长,通过缩短反馈信号的非稳态区间即可实现受测线圈标定文件的矫正。

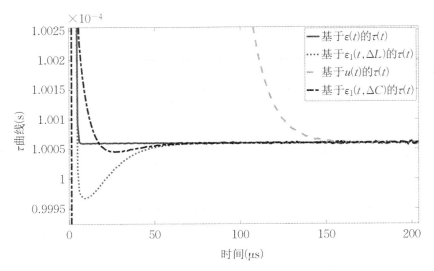

图 4.22　标定信号、采样信号及 $\varepsilon_1(t)$ 的 $\tau(t)$ 对比

4.6.3　根据反馈信号校准标定文件

考虑到 $H(s)$ 的电阻参数易于准确测量,本书用非线性规划问题矫正 $H(s)$ 的电感 L 和分布电容 C:

$$\min F(t_i,L,C) = \min \sum_{i=1}^{n} \left[(\tau(t_i,L,C) - \tau_b)/\tau_b \right]^2$$

$$\text{s. t.} \begin{cases} L > 0 \\ C > 0 \end{cases} \tag{4.51}$$

该问题可以通过迭代法求最优解。通过(4.51)获得反馈信号 $F(t)$,依据 $F(t)$ 与 $\zeta(L),\zeta(C)$ 的关系,确定下降方向 $p_k = (p_{Lk},p_{Ck})$ 和搜索步长 d_{Lk},d_{Ck},获得下一轮迭代值:

$$L_{k+1} = L_k + p_{Lk}d_{Lk} \tag{4.52}$$

$$C_{k+1} = C_k + p_{Ck}d_{Ck} \tag{4.53}$$

其中,$k=1,2,3,\cdots,n$,使得

$$\sum_{i=1}^{n} \left[F(t;L_{k+1},C_{k+1}) \right]^2 < \sum_{i=1}^{n} \left[F(t;L_k,C_k) \right]^2 \tag{4.54}$$

对于问题(4.51),可以应用下降算法不断地构造下降方向 p_k 进行迭代,从而求解满足精度的电感与分布电容值。

用于求解问题(4.51)的下降方向 p_k 和搜索步长 d_{Lk},d_{Ck} 需依据 $\zeta(L),\zeta(C)$ 与反馈信

号的关系确定。

图 4.23 展示了分别由标准 $\varepsilon(t)$ 以及四种 $\varepsilon_1(t)$ 获取的反馈信号。其中，由 $\varepsilon(t)$ 获取的反馈信号由实线所示；当 $H(s)$ 的电感参数存在 0.02% 以及 -0.02% 偏差时，由 $\varepsilon_1(t)$ 求取的反馈信号如黑色和灰色点划线所示；当电容参数存在 0.02% 以及 -0.02% 偏差时，由 $\varepsilon_1(t)$ 求取的反馈信号如黑色和灰色虚线所示。由 $\varepsilon(t)$ 获取的 $\alpha(t)$ 有最短的非稳态区间；当电感值存在偏差时，$\alpha(t)$ 向稳态值平稳收敛，电感偏差 $\zeta(L)$ 的极性与 $\alpha(t)$ 非稳态末端的极性相反；而当电容值存在偏差的时候，$\alpha(t)$ 在向稳态值收敛的过程中穿越横坐标，且电容偏差 $\zeta(C)$ 的极性与 $\alpha(t)$ 非稳态末端的极性相同。

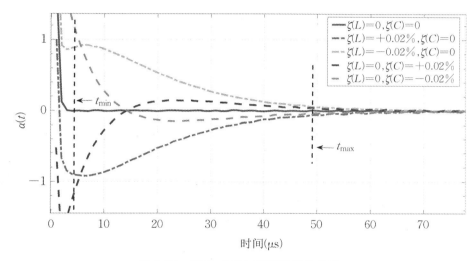

图 4.23 $\zeta(L)$，$\zeta(C)$ 与反馈信号的关系

标定文件参数偏差对反馈信号 $\alpha(t)$ 波形的影响证明如下：

由式(4.2)可知，接收线圈的单位冲激响应 $h(t)$ 是两个指数函数的差，其波形主要取决于两个衰减常数：

$$\tau_1 = \frac{2}{a - \sqrt{a^2 - 4b}}, \quad \tau_2 = \frac{2}{a + \sqrt{a^2 - 4b}}$$

以单位冲激响应 $h(t)$ 的峰值时刻为界限，因为 $\dfrac{2}{a + \sqrt{a^2 - 4b}} < \dfrac{2}{a - \sqrt{a^2 - 4b}}$，所以 τ_2 主要影响 $h(t)$ 波形的激发阶段，τ_1 主要影响作为 $h(t)$ 波形主体的衰减阶段。

由式(4.34)~式(4.39)可知，$\tau_1(L) = \dfrac{2}{a - \sqrt{a^2 - 4b}}$ 是电感值 L 的增函数，$\tau_2(C) = \dfrac{2}{a + \sqrt{a^2 - 4b}}$ 是参数 C 的增函数，$\tau_2(L) = \dfrac{2}{a + \sqrt{a^2 - 4b}}$ 是参数 L 的减函数，$\tau_1(C) = $

$\dfrac{2}{a-\sqrt{a^2-4b}}$是参数 C 的减函数。

接下来从理论上分析参数 L 对反馈信号波形的影响：当 L 变化率为 $\zeta(L)$ 时，两个衰减常数的变化量有

$$\Delta\left|\dfrac{2}{a+\sqrt{a^2-4b}}\right| < \Delta\left|\dfrac{2}{a-\sqrt{a^2-4b}}\right|$$

所以 $\zeta(L)$ 主要影响 τ_1 的取值，考虑到 $\tau_1(L)=\dfrac{2}{a-\sqrt{a^2-4b}}$ 是电感值 L 的增函数，因此，

L 的增加将降低作为单位冲击响应主体的衰减速度。由于 $\tau_2(L)=\dfrac{2}{a+\sqrt{a^2-4b}}$ 是参数 L

的减函数，因此，L 的增加将增加单位冲击响应的上升速度，并缩短基于 τ_2 的子项对整体波形的影响时间，考虑到 $\zeta(L)$ 对 τ_2 的影响较弱，所以 τ_2 对冲激响应的影响并不显著。根据反卷积算法的特性，当 $\zeta(L)$ 的取值为正的情况下，由反卷积运算求解的 $\varepsilon_1(t)$ 的早期时间常数将低于实际值 τ_b，反之亦然，如图 4.23 黑色和灰色点划线所示。

接下来从理论上分析参数 C 对反馈信号波形的影响：当 C 的变化率为 $\zeta(C)$ 时，两个衰减常数的变化量有

$$\Delta\left|\dfrac{2}{a+\sqrt{a^2-4b}}\right| > \Delta\left|\dfrac{2}{a-\sqrt{a^2-4b}}\right|$$

$\zeta(C)$ 主要影响 τ_2 的取值，对单位冲击响应的早期影响较明显，考虑到 $\tau_2(C)=$

$\dfrac{2}{a+\sqrt{a^2-4b}}$ 是参数 C 的增函数，所以参数 C 的增加将降低单位冲击响应的上升速度，并

扩大基于 τ_2 的子项对整体波形的影响时间，考虑到 $\zeta(C)$ 对 τ_2 的影响较强，所以 τ_2 对冲

激响应的影响不可忽略。由于 $\tau_1(C)=\dfrac{2}{a-\sqrt{a^2-4b}}$ 是参数 C 的减函数，因此，C 的增加

将增大作为单位冲击响应主体的衰减速度。根据反卷积算法的特性，当 $\zeta(C)$ 的取值为正的情况下，由反卷积运算求解的 $\varepsilon_1(t)$ 的早期时间常数将低于实际值 τ_b，但晚期的时间常数将高于实际值 τ_b，反之亦然，如图 4.23 黑色和灰色虚线所示。

由图 4.23 可知，反馈标定法可以把待标定的传递函数转换为具有相应特征的反馈信号。根据这一特性，可以确定迭代的下降方向 p_k 和搜索步长 d_{Lk}, d_{Ck}。

(1) 确定与 $\varepsilon(t)$ 对应的反馈信号起点时刻 t_{min}，其中，t_{min} 是满足条件 $\alpha(t-2)>\alpha(t-1)>\alpha(t)>\alpha(t+1)$ 的最小值；

(2) 确定反馈信号终点时刻 t_{max}，其中，$t_{max}=\tau_b/2$；

(3) 如果 $|\alpha(t_{min})-\alpha(t_{max})|<10|\alpha(t_{max})|$，$p_k=(0,0)$，转至(8)，否则转至(4)；

(4) 自 t_{max} 向 t_{min} 搜索极值 $\alpha_{top}(t_1)$；

(5) 若 $\alpha_{\text{top}}(t_1)\alpha_{\text{top}}(t_{\max}) > 0$, 则 $p_k = (p_{Lk}, p_{Ck}) = \left(\dfrac{\alpha_{\text{top}}(t_1)}{|\alpha_{\text{top}}(t_1)|}, 0 \right)$, 转至 (7), 否则转至 (6);

(6) 若 $\alpha_{\text{top}}(t_1)\alpha_{\text{top}}(t_{\max}) < 0$, 则 $p_k = (p_{Lk}, p_{Ck}) = \left(0, -\dfrac{\alpha_{\text{top}}(t_1)}{|\alpha_{\text{top}}(t_1)|} \right)$, 转至 (7);

(7) 获得用于本次迭代的搜索方向 p_k;

(8) 达到求解精度, 停止计算。

在迭代过程中, 根据参数 $\zeta(L), \zeta(C)$ 的状态确定的搜索步长 d_{Lk}, d_{Ck} 可以提高收敛速度。由于参数 $\zeta(L), \zeta(C)$ 未知, 本书根据 $\zeta(L), \zeta(C)$ 与反馈信号的关系, 将搜索步长与反馈信号特征值关联。

定义反馈信号 $F(t_i; L, C)$ 的误差率为

$$\eta(L) = \eta(C) = \frac{\alpha_{\text{top}}(t_1)}{\tau_{\text{b}}} \times 100\% \tag{4.55}$$

对于确定的 L, C 值, 误差率 η 关于 $\zeta(L), \zeta(C)$ 的斜率基本稳定, 如图 4.24 所示, 因此, 可将搜索步长设置为误差率 η 的倍数:

$$\begin{cases} d_{Lk} = 0.2 \, | \, \eta(L)) \, | \, L_k \\ d_{Ck} = 1.35 \, | \, \eta(C) \, | \, C_k \end{cases} \tag{4.56}$$

将误差率作为搜索步长的参考值, 可以有效提高迭代的收敛速度, 当参数 L, C 的初始值偏差较大时, 以式 (4.56) 确定的搜索步长较大, 可以快速逼近参数的准确解; 经过几次迭代后, 参数 L, C 接近准确解, 误差率较低, 此时确定的搜索步长较小, 有利于提高求解精度。

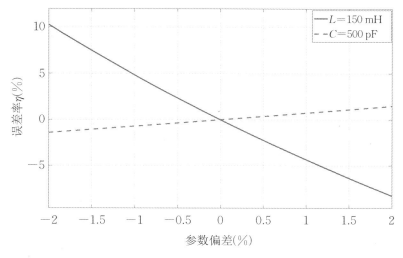

图 4.24　误差率 η 与参数偏差 ($\zeta(L)$, $\zeta(C)$) 的关系

4.6.4　标定系统的参数设计与优化

本节分析以提高标定精度为目标的标定系统参数优化方案。

由于瞬变电磁接收线圈的固有特性，其输出信号 $u(t)$ 较感应电动势 $\varepsilon(t)$ 产生畸变。作为 $u(t)$ 与 $\varepsilon(t)$ 的映射，高精度的标定文件 $H(s)$ 是通过 $u(t)$ 求解 $\varepsilon(t)$ 的关键。本节提出的反馈标定法通过评估待矫正感应电动势 $\varepsilon_1(t)$ 与真实 $\varepsilon(t)$ 的误差（反馈信号）检测标定文件 $H(s)$ 的精度。为了解除反馈信号对 $\varepsilon(t)$ 波形的依赖，基于图 4.18 所示的标定模型，将指数衰减信号作为标定源注入标定线圈，从而利用 $\varepsilon_1(t)$ 较 $\varepsilon(t)$ 在早期衰减系数上的差异揭示标定文件 $H(s)$ 的参数误差。接下来，提出了求取指数信号的时间常数的算法，从而将反馈信号替换为 $\alpha(t)=(\tau(t)-\tau_b)/\tau_b$，基于 τ 曲线的反馈信号避免了 $\varepsilon(t)$ 的求解误差与磁场均匀性对反馈信号的影响。

如上所述，$(\tau(t)-\tau_b)/\tau_b$ 代替 $\varepsilon_1(t)-\varepsilon(t)$ 作为反馈信号的前提是被测接收线圈的 $\varepsilon(t)$ 是严格的指数衰减信号。实际上，$\varepsilon(t)$（或者标定信号源 $i(t)$）不可能是严格的指数衰减函数。如图 4.21 所示，标定线圈与接收线圈的互感现象以及高导电率土壤的感应涡流将导致 $i(t)$ 与 $\varepsilon(t)$ 的畸变。由于反馈标定法对 $H(s)$ 精度的检测基于反馈信号的形态特征，因此，早期的 $\varepsilon(t)$ 偏离指数特征的时间越短，标定结果的可靠性就越高。本节将分析上述两种因素对标定精度的影响。

标定线圈与被测线圈的互感系数对 $\alpha(t)$ 的影响：

如式（4.47）所示，互感 M 是被测接收线圈建立感应电动势 $\varepsilon(t)$ 的关键，$\varepsilon(t)$ 的幅值与 M 和 $1/\tau_b$ 成正相关，必须为标定系统提供足够的 M 以获得足够的信噪比。然而，互感 M 也是被测接收线圈的感应涡流对标定信号源 $i(t)$ 的干扰途径，这种干扰可改变 $i(t)$ 和 $\varepsilon(t)$ 的衰减规律，进而降低 $\alpha(t)$ 的标定精度。由于接收线圈的端口电阻 R_b 是标定线圈匹配电阻 r_b 的数百倍，因此被测线圈的感应电流远小于 $i(t)$，这为通过合理选取 M 和 τ_b 的取值来降低互感现象对 $\alpha(t)$ 的干扰提供了可能。

根据电磁感应原理，接收线圈的感应电流和土壤涡流会对标定信号造成干扰，标定曲线在早期仍然偏离稳态值，如图 4.24 实线所示。由图 4.23 可知，参数误差对 $\tau(t)$ 的影响主要表现在波形早期，因此，基于 $\varepsilon(t)$ 的标定曲线进入稳态的时刻越早，时域标定法对参数误差的识别精度就越高，可以通过合理设置标定系统的参数缩短标定曲线的非稳态区间。

土壤涡流对 $\alpha(t)$ 的影响：

在 $i(t)$ 的激励下，土壤涡流对接收线圈的响应信号可等效为多个不同时间常数和不同延迟时间的指数衰减信号之和。强烈的土壤涡流响应可改变 $\varepsilon(t)$ 的衰减规律，从而改变反馈信号的特征，这将导致对标定文件参数的误判。而较弱的土壤涡流响应表现为

$\varepsilon(t)$ 的随机噪声,这将降低 $\alpha(t)$ 的信噪比。这种影响的持续时间与 $i(t)$ 的 $1/\tau_b$ 以及土壤电导率成正相关。

1. 互感 M 对标定精度的影响

M 的合理取值可以保障被测接收线圈线圈的 $\varepsilon(t)$ 是严格的指数衰减信号,这是 $(\tau(t)$ $-\tau_b)/\tau_b$ 代替 $\varepsilon_1(t)-\varepsilon(t)$ 作为反馈信号的必要条件。由图 4.22 可知,可以通过基于 $\varepsilon(t)$ 的反馈信号检验 $\varepsilon(t)$ 与标准指数信号的偏差:$\alpha(t)$ 与横坐标的偏差越小,$\varepsilon(t)$ 越接近严格的指数信号。互感主要影响 $\varepsilon_1(t)$ 的幅值。幅值过大会干扰标定电流,导致标定曲线的非稳态区间扩大,而信号强度太弱会导致标定曲线被噪声迅速淹没。

设土壤电阻率为 $50\ \Omega\cdot m$,采集器的最小分辨率为 $1\ \mu V$,标定线圈衰减常数 $\tau_b=20\ \mu s$,空心线圈 $L=150\ mH,C=500\ pF$。通过调节两线圈的距离改变互感 M,观察由 $\varepsilon_1(t)$ 获取的标定曲线与 M 的关系如图 4.25 所示。与图 4.23 中的实线相比,由 $\varepsilon(t)$ 得到的 $\alpha(t)$ 在 $M=0.05\ mH$ 时低于零。当 $M=0.03\ mH$ 时,$\alpha(t)$ 在 $t=50\ \mu s$ 时达到稳定状态。在 M $=0.02\ mH$ 时,时间可以缩短到 $t=20\ \mu s$。然而,M 的减少不仅缩短了 $\alpha(t)$ 的非稳态部分,而且降低了 $\varepsilon(t)$ 的幅值,受采集器精度限制,晚期标定曲线的精度显著下降。从图 4.25 可以看出,对于 $M<0.01\ mH$,由于信号收集器的分辨率有限($1\ \mu V$),$\alpha(t)$ 的准确度在后期迅速下降。

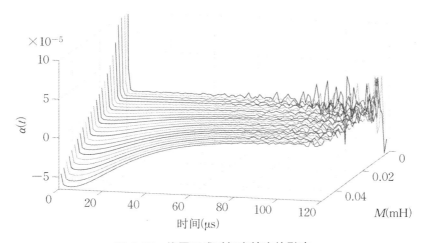

图 4.25　线圈互感对标定精度的影响

因此合理选取标定线圈与空心线圈的互感可以提高 τ 曲线标定法对 $H(s)$ 的校准精度。本书推荐选取 $0.01\ mH\leqslant M\leqslant 0.02\ mH$。

2. τ_b 对 τ 曲线标定法的影响

通过 τ_b 可以调节 $\varepsilon(t)$ 的波形,如果 τ_b 过小,$\varepsilon(t)$ 幅值高,衰减快,与其对应的标定曲线受空心线圈涡流影响强烈,且很快被噪声淹没。如果 τ_b 过大,$\varepsilon(t)$ 的幅值会很小,受采集器精度限制,标定曲线的信噪比低。

将互感固定为 $M=0.02\ \text{mH}$，通过调节标定线圈电阻改变衰减常数 τ_b，观察衰减常数对标定曲线的影响。如图 4.26 所示，随着 τ_b 减小，标定电流快速衰减，接收线圈感应电动势的幅值增大，因此，τ 曲线早期的精度显著提升；随着 τ_b 减小，由接收线圈参数偏差导致的 τ 曲线非稳态区间延长；当 $\tau_b=10\ \mu\text{s}$，线圈感应电动势迅速衰减，受采集器精度限制，标定曲线在 70 μs 后进入噪声区。

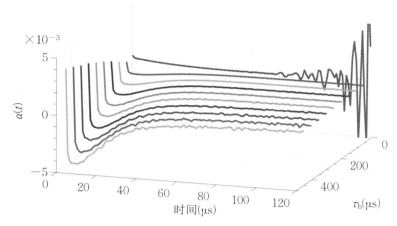

图 4.26 衰减常数对反馈信号的影响

为了提高传递函数的标定精度，本书推荐 50 μs$\leqslant\tau_b\leqslant$200 μs。

3. 土壤电阻率的影响

根据电磁感应原理，标定线圈电流 $i(t)$ 在土壤中产生涡流，土壤涡流会干扰 $\varepsilon(t)$，使其偏离指数衰减规律。土壤涡流的响应可视为噪声，且随土壤电阻率降低而增大。由于土壤涡流是不可预知的，因此来自土壤涡流的干扰是时域标定法的重要挑战。

基于 Ansys Maxwell 3D 电磁场仿真软件模拟土壤涡流对反馈标定法的影响。如图 4.27 所示建立两个标定模型，其中，图 4.27(a) 为文献[54]所述的 Air-TEM 标定模型，

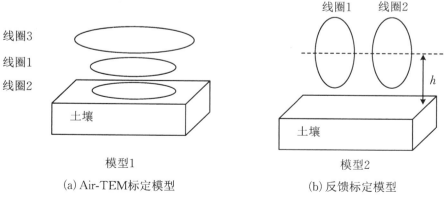

(a) Air-TEM标定模型　　　　　　　　(b) 反馈标定模型

图 4.27 两个标定模型

另一个为本书提出的反馈标定模型。线圈 1 代表标定线圈，线圈 2 代表被测线圈，线圈 3 代表 Air-TEM 中的发射线圈。标定线圈的时间常数设置为 $\tau_b=140\,\mu s$，以将标定信号限制在合理的范围内。结果如图 4.28 所示。设置土壤的电阻率为 $1\,\Omega\cdot m$，这是一个相当低的值，以便突出土壤涡流对两种校准模型的影响。线圈 3 中施加的电流为斜阶跃波 $i_T(t)$，其初始稳态值为 I_0，并从 $t=t_0$ 时刻下降，在 $t=t_1$ 处降到零。

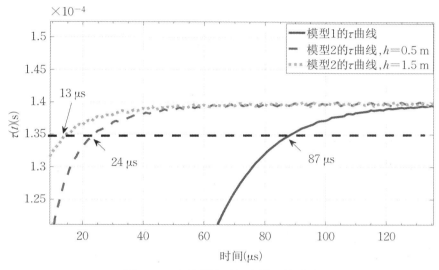

图 4.28　土壤涡流对标定结果的影响

理论上，模型 1 中线圈 1 的电流在 $t>t_1$ 时呈指数衰减，这与模型 2 的标定电流波形相同。如图 4.28 所示，τ 曲线将失真的指数函数转换为畸变的直线，τ 曲线的非稳态时间正比于土壤涡流的扰动强度。模型 1 的 τ 曲线进入稳定状态的时间 $t_0=87\,\mu s$（实线），当 $h=0.5\,m$ 时，模型 2 的 $t_0=24\,\mu s$（虚线），而当 $h=1.5\,m$ 时，模型 2 的 $t_0=13\,\mu s$（灰色虚线）。t_0 的延迟降低了 $\alpha(t)$ 对参数偏差的敏感度。因此，与传统时域标定法相比，本书所提出的标定方案在相同土壤电阻率下具有更好的性能，因此适于现场标定，且可以通过增大 h 提高校准精度。

模型 2 在不同土壤电阻率下的标定精度见表 4.2，其中，$h=1\,m$，$M=0.02\,mH$，$L=150\,mH$，$C=500\,pF$，信号采集器的分辨率为 $1\,\mu V$。从表 4.2 可以看出，当土壤电阻率不小于 $10\,\Omega\cdot m$ 时，本书提出的标定法对线圈参数的标定精度相近，主要受限于采集器对电压信号的分辨能力，当土壤电阻率低于 $10\,\Omega\cdot m$ 时，t_0 延迟明显，此时标定法对线圈参数的标定精度迅速下降。

然而，除了陶黏土层，几乎所有土壤的电阻率不会低于 $10\,\Omega\cdot m$，即便是在多雨地区。因此，反馈标定法对土壤电阻率的要求宽松，在 $L=150\,mH$，$C=500\,pF$ 情况下，其对线圈电感参数的分辨率约为 $0.01\,mH$ 级，对等效集总电容的分辨率约为 $0.1\,pF$ 级。

表 4.2　土壤电阻率对参数偏差的辨识能力的影响

参数偏差	$\rho=1\ \Omega\cdot m$	$\rho=10\ \Omega\cdot m$	$\rho=100\ \Omega\cdot m$
$\zeta(L)$	2.0%	0.027%	0.02%
$\zeta(C)$	0.4%	0.10%	0.10%

4.7　实　验　验　证

4.7.1　无源标定精度验证

本节通过实验对比所提出的时域无源标定法与传统频率响应法对同一瞬变电磁接收线圈的标定结果,并通过反馈标定法定量分析两种标定结果的可靠性,最后使用相同的反演算法将基于两种标定结果的瞬变电磁测线数据绘制为视电阻率剖面图,对比验证标定误差对瞬变电磁探测分辨率的影响。

选取实验室研发的 FCTEM60 瞬变电磁系统接收线圈作为测试目标,其直径为 0.22 m,匝数为 300。基于先前的标定结果,待测线圈的幅频特性曲线绘于图 4.29。由图 4.32 可知,$-3\ dB$ 转折频率约为 62 kHz,使用频率响应法测量待测线圈的参数作为对照组:向 Helmholtz 线圈注入峰值为 20 V 的正弦波,并在 10 Hz 到 600 kHz 选取 30 个频率点采集 Helmholtz 线圈的电流信号 i_s 及受测线圈的输出电压 u_{out}。通过 Mdi_s/dt 求解受测线

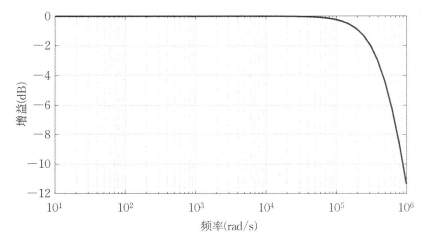

图 4.29　基于时域无源标定结果绘制的幅频响应曲线

圈感应电动势 u_{EMF}，其中，M 表示受测线圈与 Helmholtz 线圈的互感系数。基于 u_{EMF} 和 u_{out} 的关系拟合受测线圈的传递函数，由此确定的线圈参数为 $L = 14.756 \; \mathrm{mH}$，$C = 1.83 \; \mathrm{pF}$。

　　使用时域无源标定法对线圈实施进一步校准后，线圈的参数更新为 $L = 14.735 \; \mathrm{mH}$，$C = 183.04 \; \mathrm{pF}$。若以该结果作为标准值，时域无源标定法对参数的收敛过程如图 4.30 所示。与频率响应法的标定结果相比，时域无源标定法将标定文件的电感、电容参数分别校正了 0.14% 和 0.055%。

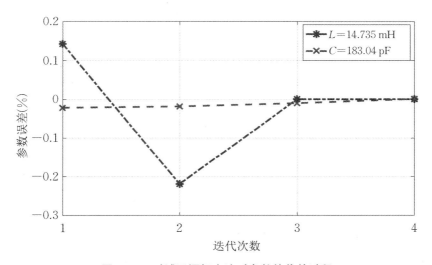

图 4.30　时域无源标定法对参数的收敛过程

　　进一步地，基于零输入响应标定结果将表 4.3 所示的 6 个频点的输出信号 u_{out} 转换为受测线圈的感应电动势 u_{emf}，两种标定结果的差异通过感应电动势 u_{EMF} 和 u_{emf} 的均方根（RMS）形式对比于表 4.3。从表 4.3 可以看出，在受测线圈过渡过程的影响下，当频率高于 $60 \; \mathrm{kHz}$ 时，u_{out} 的幅值逐渐减小。此外，当标定频率大于 $1 \; \mathrm{kHz}$ 后，u_{EMF} 和 u_{emf} 逐渐趋近 $1.93 \; \mathrm{V}$。这是由于受测线圈的感应电动势幅值正比于 Helmholtz 线圈中标定电流的幅值和频率，而标定电流的幅值在 Helmholtz 线圈频带宽度影响下随标定频率的增加迅速衰减，阻止了 u_{EMF} 和 u_{emf} 随标定频率的线性增加。由表 4.3 可知，与 u_{EMF} 的均方根相比，u_{emf} 的求解偏差在 $62 \; \mathrm{kHz}$ 以下低于 0.02%，在 $100 \; \mathrm{kHz}$ 时为 0.017%，当频率为 $600 \; \mathrm{kHz}$ 时偏差为 0.166%。偏差随标定频率升高或是由环境导电介质的感应涡流造成的。因此，u_{EMF} 和 u_{emf} 的均方根在所选标定频率下的差异小于 0.2%，基于零输入响应检测结果的线圈感应电动势与频率响应方法的结果基本吻合。

表 4.3　不同测试频率下信号的均方根

采样率	100 Hz	1 kHz	10 kHz	60 kHz	100 kHz	600 kHz
u_{out}(mV)的 RMS	164.554	1251.248	1880.164	1326.734	881.259	48.824
u_{emf}(mV)的 RMS	164.909	1254.113	1909.325	1930.541	1,935.115	1933.311
u_{EMF}(mV)的 RMS	164.896	1254.015	1909.202	1930.914	1935.442	1936.517
u_{emf} 较 u_{EMF} 的偏差	0.0079%	0.0078%	0.0065%	−0.0193%	−0.0169%	−0.1656%

接下来使用反馈标定法对两种标定结果的可靠性实施进一步分析。标定线圈选用半径为 0.11 m 的 5 匝稀疏排列空心线圈,其分布电容可以忽略不计,通过在标定线圈端口匹配 10 Ω 电阻以调节标定信号源 $i(t)$ 的衰减常数 $\tau_b \approx 100\ \mu\text{s}$,调整标定线圈与接收线圈的位置使得两线圈互感 $M \approx 0.01\ \text{mH}$。受测线圈对标定信号源 $i(t)$ 的输出信号 $u(t)$ 如图 4.31 实线所示,基于频率响应法测量结果的校准信号 $\varepsilon_1(t)$ 如图 4.31 点线所示,基于时域无源标定法更新的标定文件的 $\varepsilon_2(t)$ 如图 4.31 虚线所示。由于两种标定结果相近,因此,图 4.31 的虚线与点线的差异并不显著。进一步地,将基于标定源 $i(t)$ 的反馈信号以虚线绘于图 4.32,该信号近似一条数值为零的直线,因此,可以认为 $i(t)$ 是可以满足标定要求的指数衰减函数。基于 $\varepsilon_1(t)$ 的反馈信号如图 4.32 点线所示,与黑色虚线相比,它在约 $t = 24\ \mu\text{s}$ 时进入稳态,这组由频率响应法获取的参数必然存在偏差。经时域无源标定法校准后,基于 $\varepsilon_2(t)$ 的反馈信号如图 4.32 实线所示,可见它的非稳态区间仅有约 10 μs,从而可以获得较频率响应法更小的参数偏差。因此,时域无源标定法的标定结果较频率响应法具有更高的可靠性。此外,时域无源标定法还具有较高的标定效率:以包含 30 个测试点的频率响应标定过程为例,其完成覆盖 10 Hz 到 600 kHz 的标定操作大约

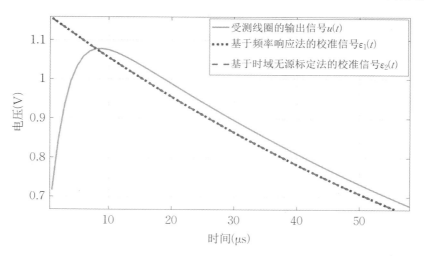

图 4.31　线圈对反馈标定源的响应信号

需要 20 min。相比之下，本节提出的时域无源标定法仅需要 2 min。

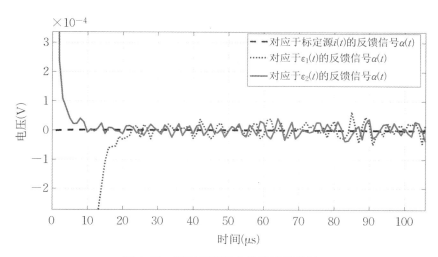

图 4.32　基于反馈标定法的反馈信号

本小节定量分析了标定误差对瞬变电磁探测精度的影响程度，验证了现场标定对小回线瞬变电磁装置的必要性。为了实现瞬变电磁接收线圈的现场标定，提出了时域无源标定法，通过线圈的零输入响应求解其标定文件。与依赖高精度信号发生器、高采样率示波器以及均匀场源的频率响应法相比，时域无源标定法无需建立标定磁场，为现场标定的实施提供了可能。另外，为实现标定精度的定量评估，还提出了基于指数信号标定源的反馈标定法：利用 τ 值转换算法提取感应电动势的求解误差并将其作为反馈信号，实现了标定文件精度的定量评估。进一步地，基于反馈信号对失真的标定文件实施校准，摆脱了标定过程对均匀磁场的依赖。在具备不低于 1 MHz 采样频率的信号采集电路情况下，推荐使用时域无源标定法以实现最精简的现场标定，反之，对标定误差的反馈更为直观的反馈标定法同样可以满足现场环境下快速标定需求。

4.7.2　反馈标定精度验证

本节展示反馈标定法对微小参数偏差的检测能力，并定量验证标定线圈与受测线圈的互感系数 M 以及信号 $i(t)$ 的时间常数对标定精度的影响。

测试所用瞬变电磁接收线圈的半径为 0.12 m，共 500 匝，由频率响应法测得电感系数 $L=136.94$ mH，分布电容为 $C=499.5$ pF。使用图 4.27 所示的模型 2 对接收线圈参数实施进一步校准，其中，$h=1$ m，5 匝标定线圈的半径为 0.11 m，匹配电阻为 10 Ω，标定线圈与接收线圈的距离为 0.4 m。在这种情况下，标定信号源 $i(t)$ 的衰减常数 $\tau_b \approx 100$ μs，两线圈互感 $M \approx 0.011$ mH。经反馈标定法校准后，受测线圈的电感系数被更新

为 $L=135.96\ \mathrm{mH}$，分布电容为 $C=499.8\ \mathrm{pF}$。

根据式（4.7）分别基于频率响应法和反馈标定法的测量结果将受测线圈对指数信号 $i(t)$ 的输出信号 $u(t)$ 还原为待校准信号 $\varepsilon_1(t)$ 和 $\varepsilon_2(t)$。基于 $i(t)$ 的反馈信号如图4.33虚线所示，它几乎是一条数值为零的直线，因此，可以认为 $i(t)$ 是满足反馈标定法对标定信号源的要求的指数衰减函数。根据式（4.49）计算基于 $\varepsilon_1(t)$ 的反馈信号如图4.33点线所示，与虚线相比，它在约 $t=10\ \mu\mathrm{s}$ 时降为负值，且在 $t=20\ \mu\mathrm{s}$ 时表现为一个负数峰值，由图4.23可知，这组由频率响应法获取的参数必然存在偏差。经反馈标定法校准后，基于 $\varepsilon_2(t)$ 的反馈信号如图4.33实线所示，可见它的非稳态区间仅有约 $2\ \mu\mathrm{s}$，因此可以获得较频率响应法更小的参数偏差，不妨认为此时的 $\varepsilon_2(t)$ 即为接收线圈的感应电动势，即 $\varepsilon(t)\approx\varepsilon_2(t)$。本例中反馈标定法对标定文件参数偏差的校准精度 $\zeta(L)=+0.72\%$ 且 $\zeta(C)=-0.06\%$。

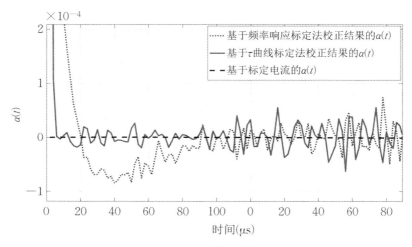

图4.33　三条反馈信号的比较

1. 检验互感 M 的取值合理性

基于上述反馈标定系统的参数，通过实验演示标定线圈与接收线圈的互感 M 对标定精度的影响。将图4.33实线重新绘制于图4.34中，考虑到这条反馈曲线的非稳态区间仅有约 $2\ \mu\mathrm{s}$，不妨认为该情况下用于求解接收线圈感应电动势的标定文件是无偏差的，此时两线圈的距离为 $0.4\ \mathrm{m}$，$M\approx0.011\ \mathrm{mH}$。改变两线圈的距离为 $0.2\ \mathrm{m}$，此时 $M\approx0.059\ \mathrm{mH}$，使用相同的标定文件计算的反馈信号如图4.34虚线所示，它的非稳态区间延长至 $45\ \mu\mathrm{s}$。由于用于求解接收线圈感应电动势的标定文件被认为是无偏差的，所以反馈信号的非稳态时间的延长是由于接收线圈的感应电动势较指数函数发生了畸变。这种情况下，早期的标定信号源 $i(t)$ 以及被测接收线圈的感应电动势 $\varepsilon(t)$ 均不是标准的指数，故不能满足本书所提出的反馈标定法的条件。根据图4.23所示的标定文件误差与

反馈信号的关系,虽然标定文件 $H(s)$ 的参数具有足够的精度,反馈标定法仍会依据图
4.34 虚线的反馈信号做出电感参数存在偏差的错误结论,从而篡改标定文件的参数。进
一步地,改变两线圈的距离为 0.6 m,此时 $M{\approx}0.004$ mH,使用相同的标定文件计算的反
馈信号如图 4.34 点线所示,与实线相比,反馈信号的噪声扩大了近一个数量级,由于反
馈标定法对标定文件精度的检测是基于反馈信号的形态特征,因此,扩大的噪声可能掩
盖标定文件的微小偏差,从而降低标定精度。

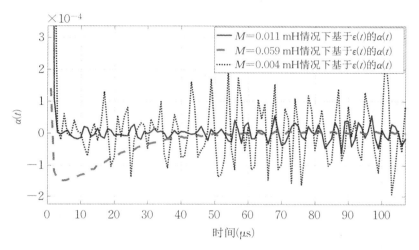

图 4.34　互感 M 取值合理性检测

　　本小节通过实验展示了标定线圈与接收线圈的互感对标定精度的影响,证实了本次
实验对两线圈互感选取的合理性以及标定精度的可靠性。

2. 检验时间常数 τ_b 取值的合理性

　　基于上述反馈标定系统的参数,接下来通过实验验证标定信号源时间常数 τ_b 对标定
精度的影响。在标定信号源 $i(t)$ 的衰减常数 $\tau_b{\approx}100$ μs 的情况下,将图 4.33 实线和点线
重新绘制于图 4.35 中,注意与实线 $\alpha(t)$ 对应的信号是由精确标定文件获取的接收线圈
感应电动势 $\varepsilon(t)$,而与点线 $\alpha(t)$ 对应的信号是由失真的标定文件获取的 $\varepsilon_1(t)$,此时标定
文件参数 $\zeta(L)=+0.72\%$ 且 $\zeta(C)=-0.06\%$,其反馈信号的特征与图 4.23 所示的结果
相符。调整标定线圈的匹配电阻使 $\tau_b{\approx}10$ μs,此时基于 $\varepsilon_1(t)$ 的 $\alpha(t)$ 如图 4.35 黑色虚线
所示,其波形特征易被误判为 $\zeta(L)=-0.02\%$,与真实的参数偏差不符,这是因为过小的
τ_b 加速了标定信号源的衰减速度,从而激发了更显著的环境涡流,干扰了反馈信号的波
形特征。进一步地,调整标定线圈的匹配电阻使 $\tau_b{\approx}300$ μs,此时基于 $\varepsilon_1(t)$ 的 $\alpha(t)$ 如图
4.35 灰色点划线所示,虽然其波形特征与点线相似,但是由于 τ_b 的增加降低了标定信号
源的衰减速度,削弱了接收线圈感应电动势的幅值,从而降低了 $\alpha(t)$ 的信噪比。由于反
馈标定法对标定文件精度的检测是基于反馈信号的形态特征,故噪声的扩大可能掩盖标

定文件的微小偏差,从而降低标定精度。

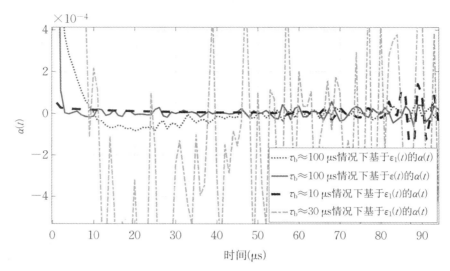

图 4.35　标定线圈衰减常数 τ_b 取值的合理性检测

　　反馈标定法在空心线圈外布置同轴标定线圈,以指数衰减电流作为标定信号,利用 τ 值转换算法提取感应电动势的求解误差并将其作为反馈信号,通过缩小反馈信号的非稳态区间实现标定文件的校准,解除了对均匀标定磁场的依赖。时域无源标定法依赖高达 1 MHz 采样频率,而反馈标定法对采样频率的要求较低,采用 100 kHz 的采样频率即可较为完整地反映误差曲线的基本特征,因此大幅降低了标定对采样速度的要求。因此,在具备采样频率不低于 1 MHz 的信号采集电路情况下,推荐使用时域无源标定法以实现最精简的现场标定,反之,对标定误差的反馈更为直观的反馈标定法同样可以满足现场环境下快速标定的需求。

第 5 章　FCTEM60 小回线装置

本章将所设计的跨环消耦结构以及过渡过程校正技术应用于团队自主研发的 FCTEM60 拖拽式高分辨率瞬变电磁系统,并在后续章节选取了多种地形的实验场地对已知目标体实施对比探测实验,展示的工程案例涵盖了山体塌陷、工程选址、山地岩溶和隧道灾害预警等多种复杂地质环境下的小回线瞬变电磁探测效果,以此检验了本书所涉及技术方案的实际应用能力。

5.1　FCTEM60 瞬变电磁探测系统

FCTEM60 是由研究团队自主设计开发的拖拽式高分辨率瞬变电磁探测系统(图 5.1),包括发射与接收一体化主机、一体化线圈和数据处理与成像软件。该系统集成了"恒压钳位"高速线性关断技术、"跨环消耦"消一次场技术和过渡过程校正技术。发射机

图 5.1　FCTEM60 拖拽式高分辨率瞬变电磁探测系统

可提供 60～70 A 的发送电流,相应的关断时间约为 40 μs,接收机采用了 4 通道、2.5 MHz/1.25 MHz采样率、USB 3.0 数据实时传输的数据采集系统,2.5 MHz/1.25 MHz 的采样率对于频带在 $n \sim n \times 10^4$ Hz 之间的信号可实现 10 倍以上的过采样率,从而保证瞬变电磁早期信号的完整性,具有良好的浅层探测能力。

关键技术指标:

- 发射电流:60 A/12 V,发射磁矩 900 A·m^2,关断延时 40 μs。
- 发射电流:140 A/24 V,发射磁矩 2000 A·m^2,关断延时 80 μs。
- A/D 转换:24 位,采样率 2.5 MHz。

主要特点:

- 高速线性关断:"恒压钳位"技术首次解决高速线性关断问题。
- 消一次场技术:"跨环消耦"技术首次解决一体化线圈发送、接收耦合问题。
- 大深度:大电流发射高达 150 A。
- 高分辨:高速采样,采样间隔 400 ns。
- 高效率:拖拽式,支持点测和连测,RTK 差分定位。
- 多用途:线圈可平放、立放,适合地面、水上和地下空间(隧道、矿井)探测。

FCTEM60 主要应用于地下水、岩溶、采空区、大坝安全和地质灾害调查,隧道、矿井超前预报,接地网、管线探测,管道腐蚀检测,水上勘查和不明埋藏物调查等领域,对于缩小电磁法探测盲区有极其重要意义。

5.2 浅层勘探性能分析

1. 高精度恒流陡脉冲场源

发送电流 70 A,研究了恒流、高陡度、高线性度双极性电磁脉冲发射机,如图 5.2 所示,其电路拓扑与控制策略如图 5.3 所示。

在电流脉冲下降沿、上升沿和关断时间的处理上:提出耗能型和馈能型准谐振、耗能型和馈能型恒压钳位、Sidac-R 和级联型的场源电路拓扑、控制方式。

提出恒压钳位高速关断电路(图 5.3)的关断延时短,下降沿线性度高(高达99.85%)且斜率可调,电路参数最优解与负载电流无关,克服了同类设备需通过切换阻尼电阻实现与负载和电流匹配的缺点。设钳位电压为 1420 V,线框为 205×205 m^2,发送电流为 57 A,计算得出与国外 TEM 设备关断延时对比表(表 5.1),该电路关断延时指标超过国外先进仪器水平,已得到成功应用。

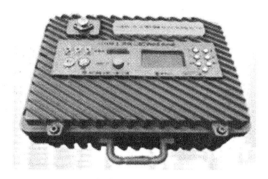

图 5.2　高精度恒流陡脉冲发射机

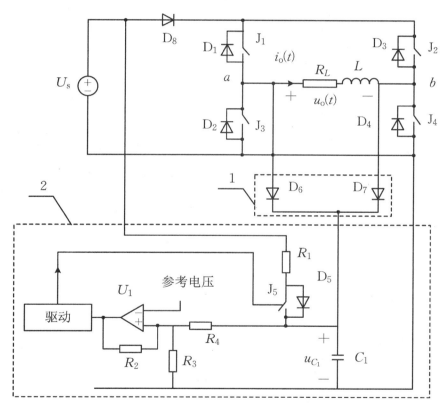

图 5.3　恒压钳位高速关断电路

表 5.1　恒压钳位高速关断技术与典型的 TEM 发射机性能对照表

研究单位	型号	工作模式	I_0 (A)	线框尺寸 (m^2)	电感 (mH)	t_d (μs)	自研设备,t_d (μs)
加拿大 Geonics 公司	TEM-47		3	40×40	0.316	2.5	0.67
	TEM-57		25	300×600	4.34	115	76.1
	TEM-67		30	2000×2000	22.1	750	464
丹麦 Aarhus 大学	PATEM	小磁矩	16	3×5,2 匝	0.049	3	0.55
	PATEM	大磁矩	50	3×5,8 匝	0.19	33	6.6
	HITEM		75	30×30	0.23	38	12
	SkeyTEM	小磁矩	35	12.5×12.5	0.085	4	2.1
	SkeyTEM	大磁矩	50	12.5×12.5,4 匝	0.35	80	12.2
澳洲 Monash 大学	TEMTX-32		30	100×100	0.845	90	17.8
澳洲 Geo Instruments 公司	ARTX-1M		10	100×100	0.845	10	5.9
美国 Zonge 公司	GGT-15		50	300×300	2.86	125	99.8
	GGT-30		45	300×300	2.86	120	89.9
	GGT-10		20	300×300	2.86	125	40.1
	GGT-3		15	300×300	2.86	125	30.1
	NT-20	ZEROTEM	20	100×100	0.845	50	11.9
	NT-20	NanoTEM	3	20×20	0.147	1.5	0.31
	NT-32	NanoTEM	4	20×20	0.147	1.5	0.41
	ZT-30		30	100×100	0.845	200	17.8
美国地质调查局	VETEM		30	0.762×0.762	0.0035	0.25	0.074
加拿大 Phoenix 公司	T4	MulTEM	40	250×250	2.347	135	65.7
	T4	MulTEM	40	100×100	0.865	55	24.2
	T4	MulTEM	40	50×50	0.405	27	11.3
	T4	FastTEM	5	40×40	0.317	2.7	1.1
	T30/T15	TEM	18.4	200×200	1.8	84	23.2
自研发射场源	WTEM-1D		22.7	205×205	1.85	28	
	WTEM-1D		25.1	100×100	0.845	36	

如表 5.1 所示,已实现的恒压钳位高速关断技术下降沿线性度高,通过对钳位电压源的控制,可实现下降沿斜率可调;关断延时短(在负载 $L=1.9$ mH,发射电流 $I_0=57$ A 时,已报道文献最短关断延时为 $280\,\mu$s,而恒压钳位电路为 $171\,\mu$s);馈能型高速关断电路减少了能量损耗,缩短了脉冲上升时间(在负载 $L=1.9$ mH,发射电流 $I_0=57$ A 时,电流上升时间由 2.89 ms 降至 $201\,\mu$s),可显著提高工作效率(按参数计算,可提高效率 18%);电路参数最优解不随电源、负载、脉冲电流幅值变化,解决了国内外许多 TEM 发射机需实时改变阻尼电阻以实现最佳匹配的问题。无损恒压钳位高速关断电路实现了发射机的小型化。

2. 瞬变接收系统

具备高精度、高动态磁场接收及数据预处理能力,使用 24 位模数转换器,配合发送机提供多种供电频率,如 1 Hz、2 Hz、4 Hz、8 Hz、16 Hz、32 Hz,接收机原理框图如图 5.4 所示。

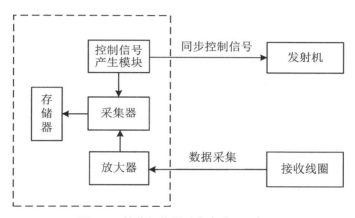

图 5.4　接收机信号采集电路原理框图

接收机系统采用了 4 通道、2.5 MHz/1.25 MHz 采样率、USB 3.0 数据实时传输的数据采集系统,实现了对信号进行高速大动态范围采集、高速传输、原始信号存储等功能。2.5 MHz/1.25 MHz 的采样率对于频带在 $n \sim n \times 10^4$ Hz 之间的信号可实现 10 倍以上的过采样率,从而保证高频信号的采集。同时,在某些情况下过采样技术还能提高系统对小信号的分辨率。USB 3.0 数据传输方式可将采集的原始数据实时传输至 PC 并存储,利用 PC 的高速数据处理能力及大存储容量硬盘,可以实现高效率采集及对原始数据的存储。因此,接收机系统实现了在参数为 200 次叠加、1.25 MHz 采样率、信号采集时长 24 ms、发射电流频率 16 Hz 时(原始数据量为 100 MB),单个观测点采集时间不超 1 min 的高效率数据采集工作模式。

为抑制变电站内的信号干扰,在接收机内安装硬件工频陷波器,如图 5.5 所示。

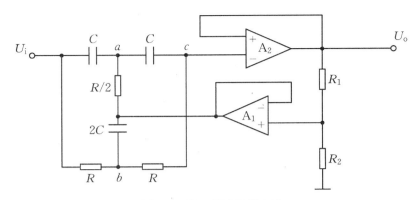

图 5.5　双 T 型陷波器电路

图 5.5 中，A_2 用作放大器，其输出端作为整个电路的输出。A_1 置为电压跟随器。因为双 T 网络只有在离中心频率较远时才能达到较好的衰减特性，因此滤波器的 Q 值不高。加入电压跟随器是为了提高 Q 值，此电路中，Q 值可以提高到 50 以上，调节 R_1、R_2 两个电阻的阻值，来控制陷波器的滤波特性，包括带阻滤波的频带宽度和 Q 值的高低。常见衰减量为 40～50 dB，如果要得到 60 dB 的衰减量，可使用误差小于 0.1% 的电阻和电容器件。

当频率为 49 Hz 的信号通过陷波器时，由于该频率小于第一窄带阻带的 $f_L = 49.505$ Hz，因此衰减较少，所以该信号能通过陷波器。当频率为 50 Hz 的信号通过陷波器时，由于该频率等于第一窄带阻带的中心频率，所以该信号不能通过陷波器。当频率为 51 Hz 的信号通过陷波器时，由于该频率大于第一窄带阻带的 $f_H = 50.500$ Hz，因此衰减较少，所以该信号也能通过陷波器。

第6章 城市防空洞勘探案例分析

为了评估跨环消耦结构较传统中心回线装置在近地表探测领域的优势,实施了以防空洞为探测目标的瞬变电磁对比实验。实验设备基于由实验室开发的基于跨环消耦结构的 FCTEM60 瞬变电磁系统,为了保证本次对比实验的公平性,中心回线装置和跨环消耦结构的发射线圈参数一致,其半径 $r_T = 0.6$ m,匝数 $N_T = 10$,两种线圈装置选用相同的稳态发射电流 $I_T = 70$ A,相同的关断时间 $T_{off} = 38$ μs[79]。中心回线装置的接收线圈半径为 0.12 m,跨环消耦结构的内接收线圈半径 $r_1 = 0.3$ m,匝数 $N_1 = 45$,$d = 0$ m,外接收线圈的内径 $r_2 = 0.65$ m,外径 $r_3 = 0.7$ m,匝数 $N_2 = 33$,两种线圈装置具有相同的有效接收面积 19.625 m²。

实验场地如图 6.1(a)所示,在地面分别标记一个铁水管和两个防空洞的分布以及测

(a) 实验场地

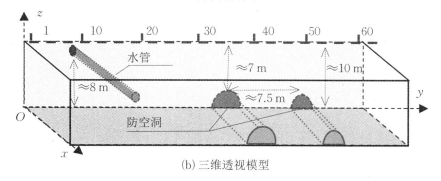

(b) 三维透视模型

图 6.1 实验场地及其三维示意图

线方向。实验场地的三维透视模型如图 6.1(b)所示。为了方便从洞口定位测线下方防空洞的分布情况,测线布置在距洞口垂直距离 15 m 处。测线包含 63 个间隔 0.5 m 的测点。铁质水管位于第 8 点以下 1.5 m 处。第一个防空洞位于 35 号测点下方 7 m 处,宽 5.5 m,距离第二个防空洞 7.5 m。铁质水管是典型的低电阻异常体,而防空洞则是典型的高电阻异常体,因此,这条测线可以验证跨环消耦结构对浅层导电异常体的综合探测能力。

设发射电流完全关闭的时间为 $t=0$,将两种线圈在第 35 号测点的数据绘于图 6.2

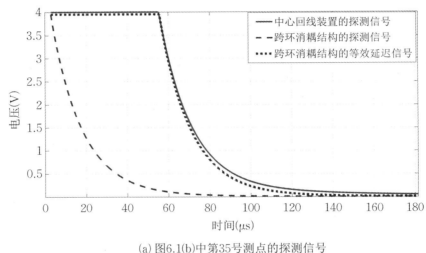

(a) 图6.1(b)中第35号测点的探测信号

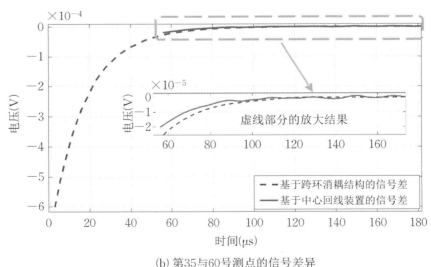

(b) 第35与60号测点的信号差异

图 6.2　中心回线和跨环消耦线圈测量的探测信号对比

(a)中,并将它们与第 60 号测点的数据之差绘于图 6.2(b)中,其中,虚线表示由跨环消耦结构采集的信号,实线表示由中心回线装置采集的信号。在一次场响应的影响下,中心回线装置的测量数据幅值在发射电流完全关断后的 18 μs 内超过 100 V,为了保护接收器的正常工作,信号采集模块对幅值高于 4 V 的测量信号实施强制削波,因此,中心回线装置丢失了 0<t<56 μs 内的测量数据,如图 6.2(a)所示。另外,由于跨环消耦结构可以避免削波失真,所以它的有效采样时刻可以提前至 t=3 μs,如图 6.2(b)所示。

中心回线装置的信号形态主要取决于一次场响应的过渡过程,中心回线装置的数据在相同时刻具有比跨环消耦结构更高的幅值,如图 6.2(a)所示,这种混叠了一次场响应的探测信号往往会降低视电阻率的反演结果。进一步地,若我们平移跨环消耦结构的信号至 t=56 μs,如点线所示,则它较中心回线装置的信号表现出更快的衰减速率,这意味着跨环消耦结构的信号携带了更丰富的高阻异常体信息。

如图 6.2(b)所示,在具有高电阻率属性的防空洞影响下,两种设备在第 35 号测点的探测数据与第 60 号测点的数据之差呈现为近似指数衰减的负值波形,这种具有典型高电阻率特征的信号形态是对图 6.1(b)所示防空洞实施定位的关键。如图 6.2(b)实线所示,由于削波损失,中心回线装置在第 35 和 60 号测点的信号差丢失了 0<t<56 μs 内的有效数据。另外,免于限幅削波影响的跨环消耦结构更加完整地记录了由高电阻率防空洞引起的探测信号形变,如图 6.2(b)的虚线所示。高电阻率特征信号的缺失增加了中心回线装置对防空洞的辨识难度。受益于出色的探测灵敏度和信号完整性,跨环消耦结构可以获得比中心回线装置更加丰富的近地表探测信息。

本次实验使用基于烟圈理论的视电阻率成像方法展示标定文件的误差对探测效果的影响。图 6.3(a)展示了基于时域无源标定结果的视电阻率剖面图,而基于频率响应标定结果的剖面图如图 6.3(b)所示。从图 6.3(a)可以看出两个防空洞均位于地下 7~15 m,其中一个防空洞位于第 27 和 39 号测点之间,另一个位于第 42 和 55 号测点之间,探测结果与防空洞的实际分布情况吻合,防空洞轮廓的视电阻率被显示为 1700 Ω·m,如图中箭头所示。然而,图 6.3(b)中对应于 1700 Ω·m 的等值线扩大了防空洞的分布范围,如图中箭头所示,其中第一个防空洞底部的轮廓向下突出,显然与实际不符。实际上,防空洞轮廓的视电阻率在图 6.3(b)中接近 1900 Ω·m,它与基于时域无源标定法的结果相差 11.76%,根据标定结果偏差与视电阻率求解精度的关系,这个结果接近 15%的理论偏差值。因此,时域无源标定法可以满足瞬变电磁法对视电阻率求解精度的需求,有利于提升瞬变电磁勘探结果的可靠性。

基于本次对比实验的测量数据,通过视电阻率成像结果进一步展示跨环消耦结构对浅层高电阻率目标体的探测优势。基于相同的发射线圈参数、有效接收面积和的数据处理方法,中心回线装置和跨环消耦结构的视电阻率等值线图分别绘制于图 6.4(a)和(b)中。由于铁质水管是典型的低电阻率目标体,这种具有高幅值和慢衰减特征的响应信号

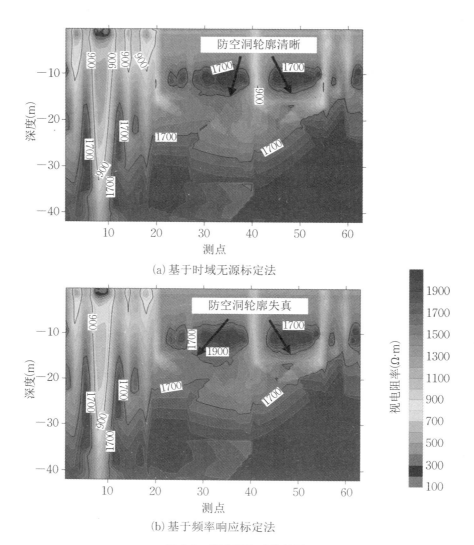

(a) 基于时域无源标定法

(b) 基于频率响应标定法

图 6.3　视电阻率成像结果

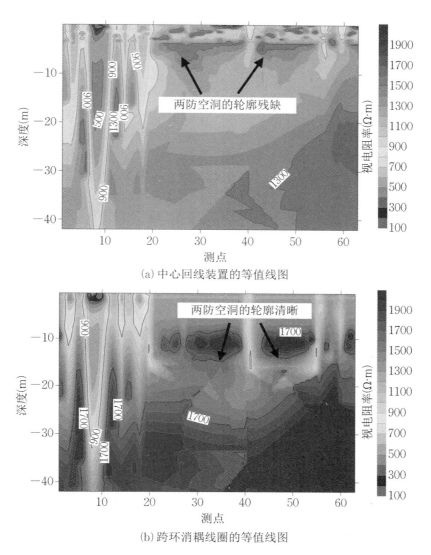

(a) 中心回线装置的等值线图

(b) 跨环消耦线圈的等值线图

图 6.4　视电阻率成像

有助于降低瞬变电磁设备对铁质水管的定位难度。一方面,在一次场响应混叠导致的削波失真影响下,探测灵敏度较低的中心回线装置对浅层目标体,尤其是具有低幅值和快衰减响应特征的高电阻率防空洞的分辨率很差。另一方面,如图 6.4(b)所示,由跨环消耦结构获得的关于铁质水管和防空洞的视电阻率等值线图准确地定位了目标体的分布:标记为低电阻率的铁水管位于 8 号测点下方 2 m 处,两个防空洞以高电阻率状态分别被定位在 27 和 39 号测点以及 42 和 55 号测点之间,深度为 7～15 m。图 6.4 验证了跨环消耦结构在瞬变电磁浅层探测领域,特别是针对探测难度更高的浅层高电阻率异常体勘探领域的可靠性。

反演算法识别地下目标体的基础是二次场响应的衰减特征,尤其是包含目标信息的特征信号。特征信号的完整性及其在总探测信号的高占比是跨环消耦结构可以提供优质探测效果的关键因素,而中心回线装置采集的信号形态主要反映了一次场响应的过渡过程,并不是有效的探测信号。不同的数据处理算法对于图 6.4 所示数据的处理结果往往存在差异,因此,图 6.4 所示的视电阻率计算结果并非唯一,但是它足以反映两种线圈结构关于近地表探测能力的差异。总之,由于限幅削波导致的特征信号的损失,以中心回线为代表的非弱磁耦合线圈装置对浅层异常体的探测能力显著低于弱磁耦合线圈。由跨环消耦结构获取的数据有益于大多数算法对地质异常体的辨识。

第7章　工程地基选址勘察案例分析

瞬变电磁法的物性基础是异常体与周围介质在电阻率、介电常数和磁导率等参数的差异。对于地基稳定性及地质构造异常探测而言,地基中的富水岩溶是典型的不良地质体构造,若构造不含水,则其导电性较差,局部电阻值增高,若构造含水,其导电性好,局部电阻率偏低。上述差异性特征为实施瞬变电磁法勘探提供必要前提。

本次基于瞬变电磁小回线技术方案实现的浅层探测案例位于云南省的一处待建粮仓,已知的导电异常体为一处埋深较浅的小型溶洞。本次实验采用了实验室开发的FCTEM60 拖拽式高分辨瞬变电磁系统,发送电流为 70 A,关断时间为 38 μs。

如图 7.1 所示,位于地表的洞口距测线的距离约为 5 m,测线与溶洞的走向近似垂直。由钻孔数据获知溶洞的成分主要为中风化白云岩,主要分布在第 27～35 号测点之间,深度约为 14 m,而浅层的背景岩层为全风化泥质粉砂岩,如图 7.2(a)所示。使用FCTEM60 对图 7.1 所示的测线实施探测,记发射电流完全关闭的时间为 $t=0$,采集的瞬变电磁数据如图 7.2(b)所示,其中每条曲线代表 59 个测点的电压信号在同一时刻的集合。由图 7.2(b)可知,对应于第 20～30 号测点的测量数据表现出相对较高的幅值,这是低阻异常体的典型响应,如图 7.2(b)中虚线框所示。图 7.2(c)展示了基于烟圈视电阻率反演方法对图 7.2(b)所示的探测数据的处理结果。

图 7.1　实验场地示意图

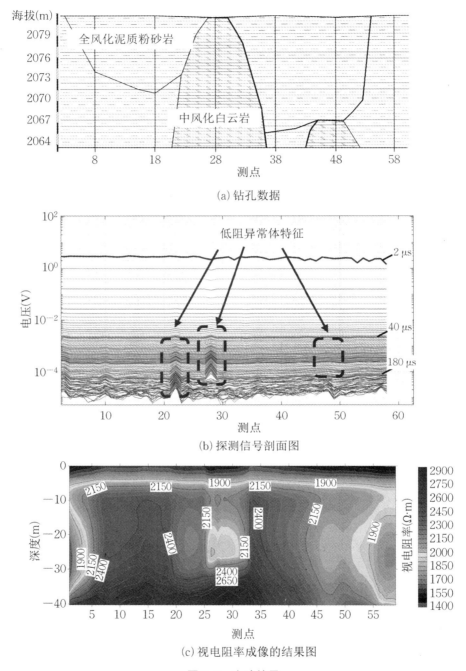

(a) 钻孔数据

(b) 探测信号剖面图

(c) 视电阻率成像的结果图

图 7.2　实验结果

　　由图 7.2(c)可知,受实验前一天的降雨影响,溶洞因积水而表现为低电阻率异常体;基于本书所述技术方案的 FCTEM60 瞬变电磁系统的探测结果可以辨识位于第 27～35 号测点之间的溶洞,且在第 45～50 号测点之间发现疑似溶洞分布。因此,基于可消除一次场响应混叠现象的跨环消耦结构以及过渡过程校正技术的 FCTEM60 瞬变电磁系统可以胜任工程选址的浅层勘探任务。

第8章　市郊山地岩溶勘察案例分析

为了验证跨环消耦结构的浅层探测能力,选取已有勘探钻孔数据和钻孔电磁波CT结果的武汉黄龙山作为实验场地实施了小回线瞬变电磁浅层探测实验。

黄龙山地处武汉市郊公园,坡度较缓,15个水平间隔5 m的测点均匀布置于海拔65 m的山顶至海拔52 m的山脚。经图8.1(a)所示的勘探钻孔资料证实,山体内的异常体为一处位于海拔35~50 m的小型积水溶洞,钻孔电磁波CT结果证实溶洞的主体位于水平方向12~38 m处,此外43~55 m处存在一个较小的溶洞,如图8.1(b)所示。

钻孔电磁波CT扫描[84]是一种基于电磁场理论和天线理论的层析成像方法,它分别在两个钻孔内发射和接收0.5 MHz~32 MHz频率的无线电波,利用不同介质对电磁波的吸收程度上的差异,以电导率剖面图的形式展示不同介质的分布信息。由于借助了医学CT技术,故称为钻孔电磁波CT扫描。显然,钻孔电磁波CT扫描依赖地表的钻孔,因此,它是一种有损检测方法。

本实验采用了实验室开发的FCTEM60瞬变电磁系统,发送电流为65 A,关断时间为34 μs。记发射电流完全关闭的时间为t=0,图8.2展示了本次实验采集的数据,其中,每条曲线代表15个测点的电压信号在同一时刻的集合。从图8.2可以看出,跨环消耦结构的有效起始采样时间为t=2 μs。对应于水平位置12~55 m下方的富水溶洞的测量数据表现出相对较高的幅值,这是低阻异常体的典型响应,如图8.2中虚线框表示。对应于水平位置43 m下方的深埋基岩的测量数据具有相对低的幅值,这是高阻异常体的典型响应,如图8.2中的虚线框所示。

采用烟圈视电阻率成像方法对采集的瞬变电磁数据进行处理,其视电阻率剖面图如图8.1(c)所示。受益于一次场的屏蔽,FCTEM60瞬变电磁系统可以利用完整的早期探测数据勘探地下30 m内的低阻溶洞分布情况,其勘探结果与钻孔电磁波CT结果基本一致,位于测线水平位置12~38 m的溶洞位置准确,界限清晰,而且对位于测线水平位置43~55 m的小溶洞也有显著反应。

与钻孔电磁波CT相比,基于跨环消耦线圈的FCTEM60瞬变电磁系统不依赖钻孔,在保证良好的浅层探测效果的前提下,它可以显著降低施工的经济和时间成本。

本章展示的工程案例反映了工程选址、山地岩溶和隧道灾害预警等多种复杂地质环

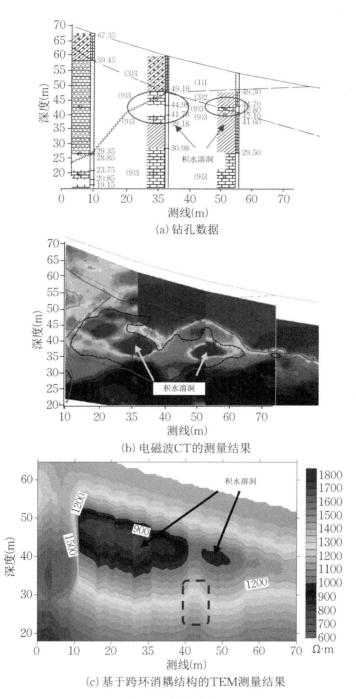

(a) 钻孔数据

(b) 电磁波CT的测量结果

(c) 基于跨环消耦结构的TEM测量结果

图 8.1 探测结果

境下的小回线瞬变电磁探测效果,检验了本书所提跨环消耦结构以及过渡过程校正技术的实际应用能力。

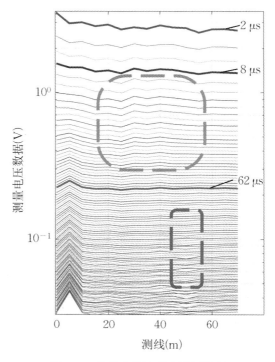

图 8.2 黄龙山岩溶瞬变探测信号

第9章 总结与展望

9.1 总　　结

本书以可实现 $0\sim100$ m 浅层勘探的小回线瞬变电磁技术为研究目标,论述了通过消除探测信号的一次场混叠现象和校正接收线圈过渡过程两方面提升小回线装置的浅层探测能力。主要获得了如下结果与认识:

① 研究了现有弱磁耦合线圈设计的缺陷,阐述了可以避免损失发射磁矩和二次场强度的新型弱磁耦合方案——跨环消耦结构,大幅提升了对地质异常体的探测灵敏度。

② 给出了关于弱磁耦合线圈对一次场屏蔽稳定性的量化评价方案,对比分析了跨环消耦结构较其他弱磁耦合方案在一次场屏蔽稳定性方面的优势。

③ 研究了串联式弱磁耦合装置的信号振荡机理,基于串联式线圈的等效电路模型研究了导致信号振荡的原因,提出并验证了该问题的解决方案。

④ 定量分析了标定误差对瞬变电磁探测精度的影响,指出针对瞬变电磁接收系统的标定方案需具备现场实施的能力。

⑤ 针对均匀标定磁场对现场操作的限制,介绍了一种不依赖线圈感应电动势的时域无源标定法,该方案无需建立标定磁场,通过极简的标定过程即可为小回线装置提供可靠的现场标定。

⑥ 针对时域无源标定法对高采样频率的依赖性,本书阐述了基于指数信号的时域反馈标定方案——反馈标定法,利用 τ 值转换算法提取感应电动势的求解误差并将其作为反馈信号,在不依赖均匀标定磁场的前提下大幅降低了标定对采样速度的要求,为小回线瞬变电磁装置性能的评估与优化提供了量化参考。

9.2 后期工作展望

传统的大回线瞬变电磁法主要用于金属矿藏勘探,人为电磁噪声对探测信号的影响并不显著,但随着人们对能源需求的不断增长,电力传输网络以线缆或转换站等形式广泛分布在城镇、市郊和山区,考虑到小回线瞬变电磁法在城市道路地下病害探测、山区工程选址和接地网断点诊断等领域的迅猛发展,后期需加强针对强电磁干扰情况下的瞬变电磁抑噪技术的研究。

针对 FCTEM60 瞬变电磁系统的反演算法尚处于一维反演阶段,后期需加强二维以及三维反演的研究工作,以提升对地下异常体的检测能力。

参 考 文 献

［1］ 李术才. 隧道突水突泥灾害源超前地质预报理论与方法［M］. 北京:科学出版社,2015:6.

［2］ 王媛,陆宇光,倪小东,等. 深埋隧洞开挖过程中突水与突泥的机理研究［J］. 水利学报,2011,
42(5):595-601.

［3］ 薛建,黄航,张良怀. 探地雷达方法探测与评价长春市活动断层［J］. 物探与化探,2009,
33(1):63-66.

［4］ 刘猛,徐健楠,汤斌峰. 高密度电法在城市轨道交通工程隐伏断层探测中的应用［J］. 铁道勘
察,2016,42(5):78-80.

［5］ 张培兴. 基于高密度电法的重点预选场址区远场断裂探测应用［J］. 工程勘察,2017,45(9):
62-72.

［6］ 何正勤,陈宇坤,叶太兰,等. 浅层地震勘探在沿海地区隐伏断层探测中的应用［J］. 地震地质,
2007,29(2):363-372.

［7］ 程建远,石显新. 中国煤炭物探技术的现状与发展［J］. 地球物理学进展,2013,28(4):
2024-2032.

［8］ 冉恒谦. 地质钻探技术与应用研究［J］. 地质学报,2011,85(11):1806-1822.

［9］ 葛双成,邵长云. 岩溶勘察中的探地雷达技术及应用［J］.地球物理学进展,2005(2):476-481.

［10］ Mohamed M, Gad E, Usama M, et al. Integrated geoelectrical survey for groundwater and shal-
low subsurface evaluation: Case study at siliyin spring, el-fayoum, Egypt［J］. International Jour-
nal of Earth Sciences,2010,99(6):1427-1436.

［11］ Zhenguang Z, Xiaodong S, Xuegang W. Application of transient electromagnetic method in tun-
nel exploration［C］. Qingdao, China, International Geophysical Conference,2017:489-492.

［12］ Xue G, Zhou N N, et al. Research on the application of a 3-m transmitter loop for TEM surveys
in mountainous areas［J］. Journal of Environmental and Engineering Geophysics. 2014,19(1),
3-12.

［13］ Christensen N B, Max H. Mapping pollution and coastal hydrogeology with helicopterborne tran-
sient electromagnetic measurements［J］. Exploration Geophysics,2014,45(4):243-254.

［14］ Asten M W, Duncan A C. The quantitative advantages of using b-field sensors in time-domain
EM measurement for mineral exploration and unexploded ordnance search［J］. Geophysics,2012,
77(4):137.

［15］ Kukita S, Mizunaga H. UXO detection using small-loop TEM method［C］//Proceedings of the

11th SEGJ Int'l Symposium，2013:94-97.

[16] Wait J R. Transient electromagnetic propagation in a conducting medium[J]. Geophysics,1951,16(2):213-221.

[17] 张兆桥. 地面-巷道电偶源瞬变电磁三维正演研究[D]. 徐州:中国矿业大学,2017.

[18] Hjelt S. The transient electromagnetic field of a two-layer sphere[J]. Geoexploration，1971,9(4):213-229.

[19] Nabighian M N. Quasi-static transient response of a conducting permeable two-layer spherein a dipolar Field[J]. Geophysics，1971,36(1):25-37.

[20] 蒋邦远. 实用近区磁源瞬变电磁法勘探[M]. 北京:地质出版社,1998:3.

[21] 牛之琏. 时间域电磁法原理[M]. 长沙:中南大学出版社,2007:13.

[22] 刘树才,岳建华,刘志新. 煤矿水文物探技术与应用[M]. 徐州:中国矿业大学出版社,2005:8.

[23] 马华祥,吕阿谈. 小回线源瞬变电磁探测能力的实验研究[J]. 煤炭技术,2015(11):97-99.

[24] 陈明生,石显新,解海军. 对瞬变电磁测深几个问题的思考(二):小回线瞬变场法探测分析与实践[J]. 煤田地质与勘探,2017,45(03):125-130.

[25] 焦险峰,刘志新. 瞬变电磁法浅层分辨率物理模型实验研究[J]. 中国矿业大学学报,2014,43(4):738-741.

[26] 赖刘保,陈昌彦,张辉,等. 浅层瞬变电磁法在城市道路地下病害检测中的应用[J]. 地球物理学进展,2016(06):399-402.

[27] 张琦,周杰,李坤鹏. 地质雷达与浅层高精度瞬变电磁法在既有高速公路病害勘查中的应用[J]. 资源信息与工程,2018,33(05):121-122,125.

[28] 王志励,林金波,刘丽娟,等. 小回线瞬变电磁法在地下火区探测中的应用[J]. 江西煤炭科技,2014(3):57-58.

[29] 陈兵芽,于润桥. 小尺度浅层瞬变电磁检测复合材料的实验研究[J]. 仪表技术与传感器,2012(9):152-154.

[30] 曹敏,李佳奇,毕志周,等. 瞬变电磁法在山地变电站边坡接地网检测研究[J]. 传感器与微系统,2016,35(8):54-55.

[31] Vozoff K. Electromagnetic methods in applied geophysics[J]. Geophysical surveys,1980,4(1/2):9-29.

[32] Spies B R. Depth of investigation in electromagnetic sounding methods[J]. Geophysics,1989,54(7):872.

[33] 嵇艳鞠. 浅层高分辨率全程瞬变电磁系统中全程二次场提取技术研究[D]. 长春:吉林大学,2004.

[34] 李飞,程久龙,温来福,等. 矿井瞬变电磁法电阻率偏低原因分析与校正方法[J]. 煤炭学报,2018,43(07):1959-1964.

[35] Schamper C, Auken E, Sørensen K. Coil response inversion for very early time modelling of helicopter-borne time-domain electromagnetic data and mapping of near-surface geological layers[J]. Geophysical Prospecting,2014,62(3):658-674.

[36] 林君，王琳，王晓光，等. 矿井瞬变电磁探测中空芯线圈传感器的研制[J]. 地球物理学报，2016，59(2)：721-730.

[37] Ci G Y，Zhi H F，Heng M T，et al. Break-point diagnosis of grounding grids using transient e-lectromagnetic apparent resistivity imaging[J]. IEEE transactions on power delivery，2015，30 (6)：2485-2491.

[38] Shu D C，Yu J W，Shuang Z. Bucking coil used in airborne transient electromagnetic survey [C]//International Conference on Industrial Control & Electronics Engineering. IEEE，2012.

[39] Zhen Z X，Long X，Zhou S，et al. Opposing coils transient electromagnetic method for shallow subsurface detection[J]. Chinese Journal of Geophysics，2016，59(5)：3428-3435.

[40] Ci G Y，Zhi H F，Huai Q Z，et al. Transient process and optimal design of receiver coil for small-loop transient electromagnetics[J]. Geophysical Prospecting，2014，62(2)：377-384.

[41] 王广君，李轩. 瞬变电磁信号在接收线圈中的过渡特征分析[C]//第 37 届中国控制会议论文集(G). 2018.

[42] 鲍明晖，余慈拱，王谦，等. 瞬变电磁法小线圈装置过渡过程影响研究[J]. 工程地球物理学报，2014，11(3)：366-369.

[43] Jun L，Lin W，Xiao G W，et al. Research and development on the air-core coil sensor for mine transient electromagnetic exploration[J]. Chinese Journal of Geophysics，2014，59(2)，721-730.

[44] Chen C，Fei L，Jun L，et al. An optimized air-core coil sensor with a magnetic flux compensation structure suitable to the helicopter TEM system[J]. Sensors，2016，16(4)：508.

[45] Xing Y C，Shuang Z，Shudong C. An optimal transfer characteristic of an air cored transient elec-tromagnetic sensor[C]//International Conference on Industrial Control & Electronics Engineer-ing. IEEE，2012.

[46] Hong Y S，Yan Z W，Jun L. Optimal design of low-noise induction magnetometer in 1 MHz～10 kHz utilizing paralleled dual-JFET differential pre-amplifier[J]. IEEE Sensors Journal，2016，16 (10)：3580-3586.

[47] Yan Z W，De F C，Yun X W，et al. Research on calibration method of magnetic sensor in hybrid-source magneto tellurics[C]//2007 8th International Conference on Electronic Measurement and Instruments. IEEE，2007.

[48] Fu M L，Zhi P C，Li Z Z，et al. Note：A calibration method to determine the lumped-circuit pa-rameters of a magnetic probe[J]. Review of Scientific Instruments，2016，87(6)：066102.

[49] 张红岭，王海明，郑绳楦. 热膨胀对 Rogowski 线圈测量准确度的影响[J]. 电工技术学报，2007 (05)：18-23.

[50] Pin Z Z，Lin L，Jia G，et al. Method of standard field for LF magnetic field meter calibration[J]. Measurement，2017，104：223-232.

[51] Coillot C，Nativel E，Zanca M，et al. The magnetic field homogeneity of coils by means of the space harmonics suppression of the current density distribution[J]. Journal of Sensors and Sensor Systems，2016，5：401-408.

［52］ Baranova P，Baranova V．Modeling axial 8-coil system for generating uniform magnetic field in COMSOL［C］//MATEC Web of Conferences，2016，48：03001.

［53］ Shafiq M，Hussain G A，Kütt，et al．Effect of geometrical parameters on high frequency performance of rogowski coil for partial discharge measurements［J］．Measurement，2014，49：126-137.

［54］ Kozhevnikov N O．Testing TEM systems using a large horizontal loop conductor［J］．Russian Geology and Geophysics，2012，53(11)：1243-1251.

［55］ Persova M G，Soloveichik Y G，Trigubovich G M，et al．Transient electromagnetic modelling of an isolated wire loop over a conductive medium［J］．Geophysical Prospecting，2014，62(5)：1193-1201.

［56］ Davis A C，Macnae J．Quantifying AEM system characteristics using a ground loop［J］．Geophysics，2008，73(4)：F179.

［57］ 何胜．地面瞬变电磁系统标定的理论研究［D］．长春：吉林大学，2014.

［58］ 嵇艳鞠，林君，王忠，等．浅层瞬变电磁法中全程瞬变场的畸变研究［J］．电波科学学报，2007，22(2)：316-320.

［59］ 李貅．瞬变电磁测深的理论与应用［M］．西安：陕西科学技术出版社，2002：24.

［60］ 白登海，Meju M A，卢健，等．时间域瞬变电磁法中心方式全程视电阻率的数值计算［J］．地球物理学报，2003，46(5)：697-704.

［61］ 殷长春，朴化荣．电磁测深法视电阻率定义问题的研究［J］．物探与化探，1991(4)：290-299.

［62］ 谢林涛，伍平，唐跃林，等．瞬变电磁视电阻率对分预估计数值计算方法［J］．工程地球物理学报，2010，7(5)：554-560.

［63］ 白登海，Meju M A，卢健，等．时间域瞬变电磁法中心方式全程视电阻率的数值计算［J］．地球物理学报，2003，46(5)：697-704.

［64］ Spies B R，Eggers D E．The use and misuse of apparent resistivity in electromagnetic methods ［J］．GEOPHYSICS，1986，51(7)：1462-1471.

［65］ West G F，Macnae J C，Lamontagne Y．A time-domain EM system measuring the step response of the ground［J］．Geophysics，1984，49(7)：1010-1026.

［66］ Kaufmam A A，Hoekstra P．Electromagnetic Soundings［M］．New York：Elsevier，2001：37.

［67］ Lawrence H，François Demontoux，Wigneron J P，et al．Evaluation of a numerical modeling approach based on the finite-element method for calculating the rough surface scattering and emission of a soil layer［J］．IEEE Geoscience & Remote Sensing Letters，2011，8(5)：953-957.

［68］ Lubo M，Tianbin L，Zheng D．Numerical simulation of transient electromagnetic response of unfavorable geological body in tunnel［J］．Applied Mechanics and Materials，2011，90-93：37-40.

［69］ 赵博，张洪亮，等．Ansoft 12 在工程电磁场中的应用［M］．北京：中国水利水电出版社，2010：303.

［70］ 刘国强，赵凌志，蒋继娅．Ansoft 工程电磁场有限元分析［M］．北京：电子工业出版社，2005：219.

［71］ 左晓旺，刘淑静，马春林，等. 两共轴平行圆线圈互感系数的讨论［J］. 淮阴师范学院学报（自然科学版），2010，9（5）：414-416.

［72］ 卡兰达洛夫. 感应系数计算手册［M］. 北京：电力工业出版社，1957：119.

［73］ Smith R S，Balch S J. Robust estimation of the band-limited inductive-limit response from impulse-response TEM measurements taken during the transmitter switch-off and the transmitter off-time：Theory and an example from voisey's Bay，labrador，canada［J］. Geophysics，2000，65（2）：476-481.

［74］ Yan J J，Jun L，Zhong W. Analysis and numerical removing of distortion in transient electromagnetic receiver device for shallow sounding［J］. Progress in Geophysics，2007（01）：262-267.

［75］ Walker S E，Rudd J. Extracting more information from on-time data［J］. Aseg Extended Abstracts，2009，2009（1）：1-8.

［76］ Kuzmin P V，Morrison E B. Bucking coil and b-field measurement system and apparatus for time domain electromagnetic measurements［P］. United States Patent，2011：8786286.

［77］ Jackson J D. Classical electrodynamics［J］. American Journal of Physics，1999，67（9）：180-182.

［78］ 李威，黄志瑛，于进杰. 极点分布与系统稳定性研究［J］. 科技资讯，2008（5）：113.

［79］ Xue G Z，Xiang F S，Heng M T，et al. Bipolar steep pulse current source for highly inductive load［J］. IEEE Transactions on Power Electronics，2015，31（9）：6169-6175.

［80］ Raiche A P. Comparison of apparent resistivity functions for transient electromagnetic methods［J］. Geophysics，1983，48（6）：787-789.

［81］ Smith R S，Annan A P. Using an induction coil sensor to indirectly measure the b-field response in the bandwidth of the transient electromagnetic method［J］. Geophysics，2000，65（5）：1489-1494.

［82］ 余娅荣，乔志洋. 基于系统辨识工具箱的磷矿选矿过程辨识建模方法［J］. 云南大学学报（自然科学版），2017（S1）：64-68.

［83］ Pin Z Z，Lin L，Jia G，et al. Method of standard field for LF magnetic field meter calibration［J］. Measurement，2017，104：223-232.

［84］ 欧洋. 钻孔电磁波处理解释系统的建立与应用［C］//2016 中国地球科学联合学术年会论文集（十四）. 中国地球物理学会，2016：3.